教 学 笔 谈

——《工数笔谈》补遗

谢绪恺　编著

东北大学出版社
·沈　阳·

图书在版编目（CIP）数据

教学笔谈：《工数笔谈》补遗 / 谢绪恺编著. —
沈阳：东北大学出版社，2023.7
ISBN 978-7-5517-3307-6

Ⅰ. ①教… Ⅱ. ①谢… Ⅲ. ①高等数学—教学研究—
高等学校 Ⅳ. ①O13

中国国家版本馆CIP数据核字（2023）第128092号

出 版 者：东北大学出版社
地址：沈阳市和平区文化路三号巷11号
邮编：110819
电话：024-83687331（市场部） 83680267（社务部）
传真：024-83680180（市场部） 83687332（社务部）
网址：http：//www.neupress.com
E-mail：neuph@neupress.com
印 刷 者：辽宁一诺广告印务有限公司
发 行 者：东北大学出版社
幅面尺寸：170mm×240mm
印 张：9
字 数：167千字
出版时间：2023年7月第1版
印刷时间：2023年7月第1次印刷
责任编辑：向 阳 邱 静
责任校对：刘乃义
封面设计：潘正一
责任出版：唐敏志

ISBN 978-7-5517-3307-6 定 价：30.00元

感 言

从1952年因院系调整之故，我从大连工学院转入东北工学院（东北大学前身），屈指算来，已整整70个年头，我从一年幼无知的小讲师成长为今天一老有所用的教授，实应归功于东北大学培养之恩，再教之德。

明年是东大建校百年大庆，特专心致志，撰写此书，献与母校，权作百年寿辰的敬礼。

从1950年走上大连工学院的讲台，到2005年走下东大的讲台，前后55年，教过的学生，当以万计，其中不乏勤于学习、善于思考者。教学相长，我也受益匪浅。像本书中克拉默法则的证明，方法不少于10种。其中多数是出自同学们的巧思妙想。这表明我们的学子是有能力进行创新思维的，带着怀疑的眼光读书自会有所发现的。

初入大学时，同学们无所顾忌，敢想敢干。越往后越有点缩手缩足，好像受的教育越多，思想就越趋于僵化！这是不是个问题？还是我个人的偏见？

衷心希望本书能抛砖引玉，启发和引导教师和学生在解决数学问题时力求创新。敬盼翻阅过本书的学者、学生多提意见。

编著者

2022年12月

目　录

第1章　线性方程

线性方程是大家的老相知，耳熟能详，本无须介绍，但其几何性质，许多学习者知之甚少，本章志在于此，写出供有兴趣的同行指正。

1.1　行列式的几何性质

设有2阶行列式

$$A=\begin{vmatrix}a_1 & a_2\\ b_1 & b_2\end{vmatrix}=a_1b_2-a_2b_1 \tag{1-1}$$

其右边的表达式为（$a_1b_2-a_2b_1$），它具有明显的特征：两两相乘且相互加减（在此为相减）。请读者留心，凡见到这类表达式，务希把它同两个向量的数量积挂钩。

在本例中，相应的向量分别是

$$\boldsymbol{a}=a_1\boldsymbol{i}+a_2\boldsymbol{j},\ \boldsymbol{b}=b_2\boldsymbol{i}-b_1\boldsymbol{j} \tag{1-2}$$

或

$$\boldsymbol{a}=a_1\boldsymbol{i}-a_2\boldsymbol{j},\ \boldsymbol{b}=b_2\boldsymbol{i}+b_1\boldsymbol{j} \tag{1-3}$$

不难验证

$$\boldsymbol{a}\cdot\boldsymbol{b}=a_1b_2-a_2b_1 \tag{1-4}$$

据式（1-4），以下将证明：行列式A的绝对值$|a_1b_2-a_2b_1|$等于由组成的两个向量

$$\boldsymbol{a}=a_1\boldsymbol{i}+a_2\boldsymbol{j},\ \boldsymbol{b}=b_1\boldsymbol{i}+b_2\boldsymbol{j} \tag{1-5}$$

为相邻边所构成的平行四边形的面积，如图1-1所示。

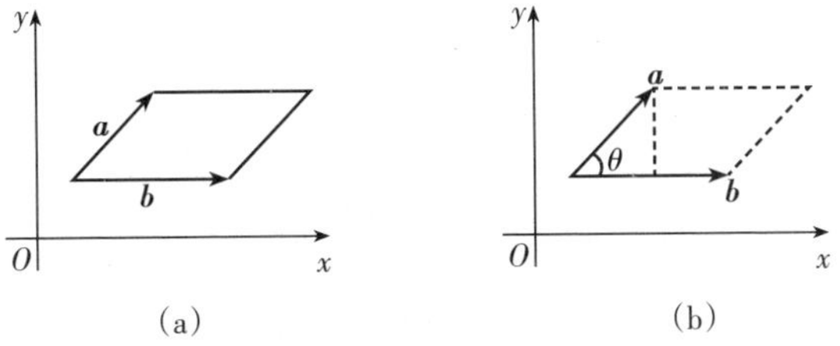

图1-1

证明 记所论平行四边形的面积为B，两邻边的夹角为θ，则从图 1–1（b）可见

$$B=|\boldsymbol{a}||\boldsymbol{b}|\sin\theta \tag{1-6}$$

式（1–6）中出现了夹角的正弦$\sin\theta$，眼下尚不知从何着手。但是，借助数量积，大家全会计算夹角的余弦$\cos\theta$，自然能想到，可否将正弦转化为余弦？

首先回忆一下，念中学时，数学书上的一个等式

$$\begin{aligned}\cos(90°-\theta)&=\cos 90°\cos\theta+\sin 90°\sin\theta\\&=\sin\theta\end{aligned}$$

其次琢磨上式，不难看出：如果找出一个角度$\theta'=90°-\theta$，则有

$$\sin\theta=\cos\theta' \tag{1-7}$$

而将正弦$\sin\theta$转变成了余弦$\cos\theta'$，真令人高兴，无非就是找θ的余角$90°-\theta=\theta'$。

最后的办法是，不失一般性，将图 1–1 并成另一个图，如图 1–2 所示，并据此画出同向量$\boldsymbol{a}=a_1\boldsymbol{i}+a_2\boldsymbol{j}$相夹角度为$\theta'$的向量

$$\boldsymbol{b}'=x\boldsymbol{i}+y\boldsymbol{j} \tag{1-8}$$

参见图 1–2。

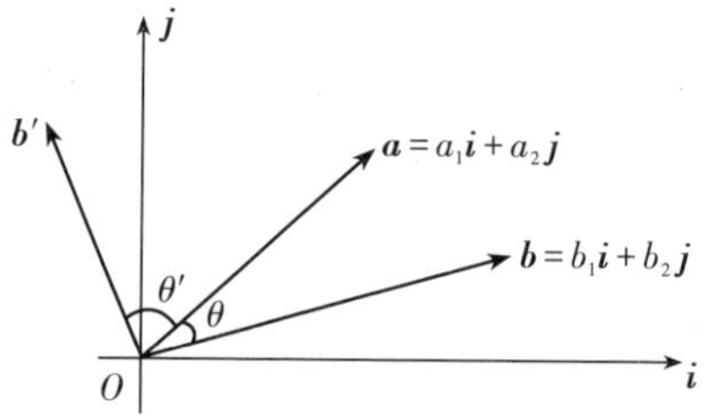

图 1–2

现在的问题是：如何求到向量$\boldsymbol{b}'$的分量x和y？已知条件：

$$\theta'+\theta=90°$$

这意味着，向量$\boldsymbol{b}'$与$\boldsymbol{b}$正交。因此，两者的数量积必然等于零，即

$$\boldsymbol{b}\cdot\boldsymbol{b}'=(b_1\boldsymbol{i}+b_2\boldsymbol{j})\cdot(x\boldsymbol{i}+y\boldsymbol{j})=0 \tag{1-9}$$

从式（1–9）可知

$$xb_1+yb_2=0 \tag{1-10}$$

这种方程存在两个变量x和y，其解无穷。不失一般性，取解

$$x=-b_2,\quad y=b_1 \tag{1-11}$$

依此求得向量

$$\boldsymbol{b}'=-b_2\boldsymbol{i}+b_1\boldsymbol{j} \tag{1-12}$$

如前所述，向量 $\boldsymbol{b}'$ 与向量 $\boldsymbol{a}$ 的夹角为 θ'，借助数量积

$$\boldsymbol{a}\cdot\boldsymbol{b}'=|\boldsymbol{a}||\boldsymbol{b}'|\cos\theta' \tag{1-13}$$

可知

$$\cos\theta'=\frac{\boldsymbol{a}\cdot\boldsymbol{b}'}{|\boldsymbol{a}||\boldsymbol{b}'|} \tag{1-14}$$

再根据等式（1-7），又有

$$\sin\theta=\cos\theta'=\frac{\boldsymbol{a}\cdot\boldsymbol{b}'}{|\boldsymbol{a}||\boldsymbol{b}'|} \tag{1-15}$$

将式（1-15）代入等式（1-6），有

$$B=|\boldsymbol{a}||\boldsymbol{b}|\frac{\boldsymbol{a}\cdot\boldsymbol{b}'}{|\boldsymbol{a}||\boldsymbol{b}'|} \tag{1-16}$$

由于

$$|\boldsymbol{b}|=|\boldsymbol{b}'|=\left(b_1^2+b_2^2\right)^{\frac{1}{2}}$$

$$\boldsymbol{a}\cdot\boldsymbol{b}'=\left(a_1\boldsymbol{i}+a_2\boldsymbol{j}\right)\cdot\left(-b_2\boldsymbol{i}+b_1\boldsymbol{j}\right)=-a_1b_2+a_2b_1$$

从等式（1-16）最后得

$$B=-a_1b_2+a_2b_1 \tag{1-17}$$

综上所述，据此便证明了行列式

$$A=\begin{vmatrix}a_1 & a_2\\ b_1 & b_2\end{vmatrix}=a_1b_2-a_2b_1 \tag{1-18}$$

的绝对值 $|a_1b_2-a_2b_1|$ 的几何意义：一个平行四边形的面积，它由行列式的两个行向量

$$\boldsymbol{a}=a_1\boldsymbol{i}+a_2\boldsymbol{j},\ \boldsymbol{b}=b_1\boldsymbol{i}+b_2\boldsymbol{j}$$

为邻边所构成，如图 1-1 所示。

证明完之后，有必要补充几句：

（1）面积必然是正数，因此，在谈及行列式

$$A=\begin{vmatrix}a_1 & a_2\\ b_1 & b_2\end{vmatrix}=a_1b_2-a_2b_1$$

的几何意义时，一定要取绝对值 $|a_1b_2-a_2b_1|$。这时，表达式 $(a_1b_2-a_2b_1)$ 与 $(-a_1b_2+a_2b_1)$ 可视为等价。

（2）在求解方程（1-10）时，加了一句话“不失一般性”，请大家取解

$$x=-2b_2,\ y=2b_1$$

一试，看会出现什么样的结果，并思考其实际含义，以加深理解。

到此，有人吐槽道：“上述证明过于烦琐，应该整改。”情况如何？请看下

文。

另类证明 仔细观察等式（1-6）：

$$B = |\boldsymbol{a}||\boldsymbol{b}|\sin\theta$$

不久就会眼前一亮，这不正是向量 $\boldsymbol{a}$ 和 $\boldsymbol{b}$ 两者向量积的值？既然如此，根据向量积定义，立马有

$$B = \left|(a_1\boldsymbol{i} + a_2\boldsymbol{j}) \times (b_1\boldsymbol{i} \times b_2\boldsymbol{j})\right| = |a_1b_2 - a_2b_1|$$

证完。

显然，后一个证明思路清晰，干净利落，但前者也有利于对基本功的培养。因此，一题多解有利无弊。

1.2 高阶行列式

上节证实了二阶行列式

$$A = \begin{vmatrix} a_1 & a_2 \\ b_1 & b_2 \end{vmatrix} = a_1b_2 - a_2b_1$$

的几何性质，即其绝对值 $|a_1b_2 - a_2b_1|$ 等于由它的两个行向量或列向量

$$\boldsymbol{a} = a_1\boldsymbol{i} + a_2\boldsymbol{j}，\ \boldsymbol{b} = b_1\boldsymbol{i} + b_2\boldsymbol{j} \text{ 或 } \boldsymbol{c}_1 = a_1\boldsymbol{i} + b_1\boldsymbol{j}，\ \boldsymbol{c}_2 = a_2\boldsymbol{i} + b_2\boldsymbol{j}$$

为邻边所组成的平行四边形的面积。有鉴于此，自然会问："高阶行列式是否存在类似的结论？"

现在我们就来探讨上述问题，并先从三阶行列式入手。设有行列式

$$A = \begin{vmatrix} a_1 & a_2 & a_3 \\ b_1 & b_2 & b_3 \\ c_1 & c_2 & c_3 \end{vmatrix} \tag{1-19}$$

与二阶不同，它具有 3 个行或列向量，究竟其几何意义为何？要解决问题，仍沿用以前的思路：从特殊情况开始。

（1）取 3 个行向量，分别为

$$\boldsymbol{a} = \boldsymbol{i}，\ \boldsymbol{b} = \boldsymbol{j}，\ \boldsymbol{c} = \boldsymbol{k} \tag{1-20}$$

如图 1-3（a）所示。这时，对应的行列式（1-19）转化为

$$A = \begin{vmatrix} 1 & 0 & 0 \\ 0 & 1 & 0 \\ 0 & 0 & 1 \end{vmatrix} = 1 \tag{1-21}$$

也如图 1-3（a）所示，是个边长为 1 的正立方体，其体积

$$V = 1 \times 1 \times 1 = 1 \tag{1-22}$$

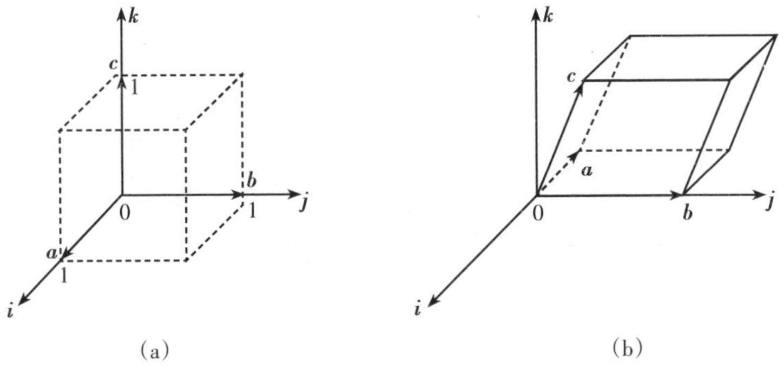

图 1-3

据上所述，不难作出如下的命题：任何三阶行列式，其几何意义都是体积。此命题能否成立？请看下文。

（2）取 3 个行向量分别为

$$\boldsymbol{a} = -3\boldsymbol{i} + 2\boldsymbol{j},\ \boldsymbol{b} = 4\boldsymbol{j},\ \boldsymbol{c} = -2\boldsymbol{i} + 3\boldsymbol{j} + 3\boldsymbol{k} \tag{1-23}$$

如图 1-3（b）所示。这时，对应的行列式

$$A = \begin{vmatrix} -3 & 2 & 0 \\ 0 & 4 & 0 \\ -2 & 3 & 3 \end{vmatrix} = -36 \tag{1-24}$$

也如图 1-3（b）所示，是个空间中的平行六面体。易知，其底边即由向量 $\boldsymbol{a}$ 和 $\boldsymbol{b}$ 组成的平行四边形的面积等于行列式

$$\begin{vmatrix} -3 & 2 \\ 0 & 4 \end{vmatrix} = -12$$

的绝对值 12；又从图 1-3（b）上可见，其高为 3。因此，该六面体的体积

$$V = 3 \times 12 = 36$$

这同行列式 A 的绝对值相符。

（3）至此，已可确定：前述命题，即三阶行列式的几何意义为空间的体积，证实如下。

证实　第 1 步，设三阶行列式

$$A = \begin{vmatrix} a_1 & a_2 & a_3 \\ b_1 & b_2 & b_3 \\ c_1 & c_2 & c_3 \end{vmatrix} \tag{1-25}$$

的 3 个行向量

$$\boldsymbol{a}=a_1\boldsymbol{i}+a_2\boldsymbol{j}+a_3\boldsymbol{k},\ \boldsymbol{b}=b_1\boldsymbol{i}+b_2\boldsymbol{j}+b_3\boldsymbol{k},\ \boldsymbol{c}=c_1\boldsymbol{i}+c_2\boldsymbol{j}+c_3\boldsymbol{k} \tag{1-26}$$

如图 1-4 所示。

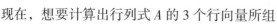

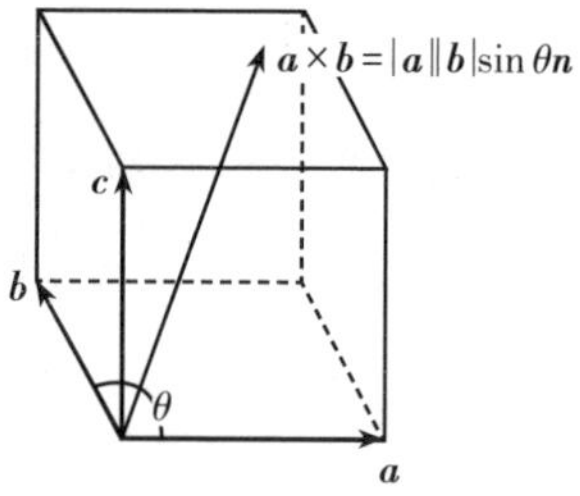

图 1-4

第 2 步，为求向量 $\boldsymbol{a}$ 和 $\boldsymbol{b}$ 所张成的平行四边形的面积 S，求两者的向量积

$$\boldsymbol{a}\times\boldsymbol{b}=|\boldsymbol{a}||\boldsymbol{b}|\sin\theta\boldsymbol{n} \tag{1-27}$$

式中，$\sin\theta$ 是向量 $\boldsymbol{a}$ 和 $\boldsymbol{b}$ 夹角的正弦，而

$$S=|\boldsymbol{a}||\boldsymbol{b}|\sin\theta$$

又 $\boldsymbol{n}$ 代表一单位向量，以示向量积 $\boldsymbol{a}\times\boldsymbol{b}$ 所指的方向。

现在，想要计算出行列式 A 的 3 个行向量所组成的六面体的体积，如图 1-4 所示，请思考一下，该如何进行？

第 3 步，记六面体的体积为 V，思考之后，得答案如下：V 等于向量积 $\boldsymbol{a}\times\boldsymbol{b}$ 与向量 $\boldsymbol{c}$ 的数量积，即

$$\begin{aligned}
V&=(\boldsymbol{a}\times\boldsymbol{b})\cdot\boldsymbol{c}\\
&=(a_1\boldsymbol{i}+a_2\boldsymbol{j}+a_3\boldsymbol{k})\times(b_1\boldsymbol{i}+b_2\boldsymbol{j}+b_3\boldsymbol{k})\cdot(c_1\boldsymbol{i}+c_2\boldsymbol{j}+c_3\boldsymbol{k})\\
&=\left(\begin{vmatrix}a_2 & a_3\\ b_2 & b_3\end{vmatrix}\boldsymbol{i}+\begin{vmatrix}a_3 & a_1\\ b_3 & b_1\end{vmatrix}\boldsymbol{j}+\begin{vmatrix}a_1 & a_2\\ b_1 & b_2\end{vmatrix}\boldsymbol{k}\right)\cdot(c_1\boldsymbol{i}+c_2\boldsymbol{j}+c_3\boldsymbol{k})\\
&=c_1\begin{vmatrix}a_2 & a_3\\ b_2 & b_3\end{vmatrix}+c_2\begin{vmatrix}a_3 & a_1\\ b_3 & b_1\end{vmatrix}+c_3\begin{vmatrix}a_1 & a_2\\ b_1 & b_2\end{vmatrix}\\
&=\begin{vmatrix}a_1 & a_2 & a_3\\ b_1 & b_2 & b_3\\ c_1 & c_2 & c_3\end{vmatrix}
\end{aligned}$$

这实际就是等式（1-25）的行列式 A，证完。

如读者对上述推理过程有疑，请参阅拙著《高数笔谈》（东北大学出版社，2016 年第 1 版，第 154 页，混合积）。

1.3 一点遐想

设想一阶行列式

$$|a|=a$$

的几何意义为“线段”，则二阶行列式

$$\begin{vmatrix} a_1 & a_2 \\ b_1 & b_2 \end{vmatrix} = |a_1||b_2| - |a_2||b_1|$$

和三阶行列式

$$\begin{vmatrix} a_1 & a_2 & a_3 \\ b_1 & b_2 & b_3 \\ c_1 & c_2 & c_3 \end{vmatrix} = |a_1|\begin{vmatrix} b_2 & b_3 \\ c_2 & c_3 \end{vmatrix} - |a_2|\begin{vmatrix} b_1 & b_3 \\ c_1 & c_3 \end{vmatrix} + |a_3|\begin{vmatrix} b_1 & b_2 \\ c_1 & c_2 \end{vmatrix}$$

自然可以设想为“面积”和“体积”。需要说明，符号“| |”在此只代表行列式，并非绝对值。

以此类推，一个 n 阶行列式的几何意义便是相应 n 维空间的超积。

务希注意，强调行列式的几何意义也在于：盼望读者今后见到行列式时脑海里能浮现出由其行或列向量在相应空间所构成的几何形象。

注：严格讲，n 阶行列式的几何意义是 n 维平行多面体的有向体积。由于体积定向概念的解释比较繁琐，这里就不详述了。

1.4　克拉默法则

先提个问题，请回答对于下列的二元一次线性方程组

$$\begin{cases} a_{11}x_1 + a_{12}x_2 = b_1 \\ a_{21}x_1 + a_{22}x_2 = b_2 \end{cases} \tag{1-28}$$

存在多少种解法?

就作者所知，回答如下：

解法 1　消元法

主导思路是，想办法消去方程组（1-28）中的 1 个变量，x_1 或 x_2 均可。如果消去 x_2，则用 a_{22} 乘组中第 1 个方程，用 a_{12} 乘第 2 个方程，然后相减，由此可得

$$(a_{11}a_{22} - a_{12}a_{21})x_1 = a_{22}b_1 - a_{12}b_2$$

$$x_1 = \frac{a_{22}b_1 - a_{12}b_2}{a_{11}a_{22} - a_{12}a_{21}} \tag{1-29}$$

同理可得

$$x_2 = \frac{a_{11}b_2 - a_{21}b_1}{a_{11}a_{22} - a_{12}a_{21}} \tag{1-30}$$

消元法思路明确，适用于变量较少的情况，变量多了，运算复杂，容易误算，不宜推广。

解法 2 向量法

将方程组（1-28）改写成向量式

$$\begin{bmatrix} a_{11} \\ a_{21} \end{bmatrix} x_1 + \begin{bmatrix} a_{12} \\ a_{22} \end{bmatrix} x_2 = \begin{bmatrix} b_1 \\ b_2 \end{bmatrix} \tag{1-31}$$

式中

$$\boldsymbol{a}_1 \triangleq [a_{11} \quad a_{21}]^{\mathrm{T}}, \ \boldsymbol{a}_2 \triangleq [a_{12} \quad a_{22}]^{\mathrm{T}}, \ \boldsymbol{b} \triangleq [b_1 \quad b_2]^{\mathrm{T}} \ (\triangleq \text{意为代表})$$

分别为由方程的系数项和常数项组成的 3 个列向量。

面对用列向量表示的方程（1-31），我们该如何求解？沿用消去法的思想，为求变量 x_1，自然应该设法消去变量 x_2 的系数向量 $\boldsymbol{a}_2$。为此，借助数量积，不难知道，向量

$$\boldsymbol{a}_3 = a_{22}\boldsymbol{i} - a_{12}\boldsymbol{j} \tag{1-32}$$

与向量 $\boldsymbol{a}_2$ 正交，以其同方程进行数量积，则得

$$(a_{11}a_{22} - a_{12}a_{21})x_1 = b_1 a_{22} - b_2 a_{12}$$

$$x_1 = \frac{b_1 a_{22} - b_2 a_{12}}{a_{11}a_{22} - a_{12}a_{21}} = \frac{\begin{vmatrix} b_1 & a_{12} \\ b_2 & a_{22} \end{vmatrix}}{\begin{vmatrix} a_{11} & a_{12} \\ a_{21} & a_{22} \end{vmatrix}} \tag{1-33}$$

同理，细节从略，可得

$$x_2 = \frac{b_2 a_{11} - b_1 a_{21}}{a_{11}a_{22} - a_{12}a_{21}} = \frac{\begin{vmatrix} a_{11} & b_1 \\ a_{21} & b_2 \end{vmatrix}}{\begin{vmatrix} a_{11} & a_{12} \\ a_{21} & a_{22} \end{vmatrix}} \tag{1-34}$$

上述解法简单实用，有关二元一次方程组（1-28）的问题算是顺利解决了，但能否用于更多元的情况呢？请看下文的交代。

1.4.1 一般情况

设有三元一次线性方程组

$$\begin{cases} a_{11}x_1 + a_{12}x_2 + a_{13}x_3 = b_1 \\ a_{21}x_1 + a_{22}x_2 + a_{23}x_3 = b_2 \\ a_{31}x_1 + a_{32}x_2 + a_{33}x_3 = b_3 \end{cases} \tag{1-35}$$

试问如何求解？请列出已知的解法。

解法 1　试猜法

观察并分析二元一次方程组（1–28）之后，不难发现：变量 x_1 和 x_2 都是分式，由下列的 3 个二阶行列式

$$\begin{vmatrix} a_{11} & a_{12} \\ a_{21} & a_{22} \end{vmatrix},\ \begin{vmatrix} b_1 & a_{12} \\ b_2 & a_{22} \end{vmatrix},\ \begin{vmatrix} a_{11} & b_1 \\ a_{21} & b_2 \end{vmatrix} \tag{1–36}$$

组成；两者的分母相同，就是式（1–36）中头一个行列式——系数行列式；变量 x_1 和 x_2 的分子分别为式中的第 2 和第 3 个行列式。

上述结论很富启发性，令人不禁联想三元一次方程组（1–35）的解似应为

$$x_1 = \frac{|\boldsymbol{b} \quad \boldsymbol{a}_2 \quad \boldsymbol{a}_3|}{|\boldsymbol{a}_1 \quad \boldsymbol{a}_2 \quad \boldsymbol{a}_3|},\ x_2 = \frac{|\boldsymbol{a}_1 \quad \boldsymbol{b} \quad \boldsymbol{a}_3|}{|\boldsymbol{a}_1 \quad \boldsymbol{a}_2 \quad \boldsymbol{a}_3|},\ x_3 = \frac{|\boldsymbol{a}_1 \quad \boldsymbol{a}_2 \quad \boldsymbol{b}|}{|\boldsymbol{a}_1 \quad \boldsymbol{a}_2 \quad \boldsymbol{a}_3|} \tag{1–37}$$

式中

$$\boldsymbol{a}_1 \triangleq [a_{11} \quad a_{12} \quad a_{13}]^{\mathrm{T}},\ \boldsymbol{a}_2 \triangleq [a_{21} \quad a_{22} \quad a_{23}]^{\mathrm{T}},$$

$$\boldsymbol{a}_3 \triangleq [a_{31} \quad a_{32} \quad a_{33}]^{\mathrm{T}},\ \boldsymbol{b} \triangleq [b_1 \quad b_2 \quad b_3]^{\mathrm{T}}$$

上述联想有理有据，但是否正确，必须证明，而在证明之前，宜于选一特例，进行核对，比如，取方程组

$$\begin{cases} x_1 + x_2 + x_3 = 6 \\ 2x_1 - x_2 + x_3 = 3 \\ x_1 + x_2 - x_3 = 0 \end{cases} \tag{1–38}$$

一试，看它是否满足联想的解（1–37）。

将方程（1–38）的具体数据代入等式（1–37），有

$$x_1 = \frac{D_1}{D},\ x_2 = \frac{D_2}{D},\ x_3 = \frac{D_3}{D} \tag{1–39}$$

式中

$$D = \begin{vmatrix} 1 & 1 & 1 \\ 2 & -1 & 1 \\ 1 & 1 & -1 \end{vmatrix} = 6,\ D_1 = \begin{vmatrix} 6 & 1 & 1 \\ 3 & -1 & 1 \\ 0 & 1 & -1 \end{vmatrix} = 6,$$

$$D_2 = \begin{vmatrix} 1 & 6 & 1 \\ 2 & 3 & 1 \\ 1 & 0 & -1 \end{vmatrix} = 12,\ D_3 = \begin{vmatrix} 1 & 1 & 6 \\ 2 & -1 & 3 \\ 1 & 1 & 0 \end{vmatrix} = 18$$

据此得

$$x_1 = 1,\ x_2 = 2,\ x_3 = 3$$

代入方程组（1–38）：

$$1 + 2 + 3 = 6$$

$$2-2+3=3$$
$$1+2-3=0$$

完全满足。

综上所述，试探的解（1–37）与给定的特例（1–38）是没有矛盾的，这算是向证明迈出了一大步，至于严格的论证，以后自有交代。

一点建议，当看到试猜解（1–37）时，理应受到启发，思考个中玄机，必有创见。至于本书的想法定会与大家交流，这是后话。

解法 2 消元法

设有方程组

$$\begin{cases} x_1+2x_2-4x_3=11 \\ 3x_1-2x_2+2x_3=3 \\ 2x_1+3x_2-5x_3=17 \end{cases} \tag{1-40}$$

试用消元法求解。

解 1 先用行向量 $[0 \quad 5 \quad 2]$ 乘所论方程组，得

$$19x_1-4x_2=49$$

再用行向量 $[2 \quad 4 \quad 0]$ 乘方程组，得

$$14x_1-4x_2=34$$

联立求解上列方程，得方程组的解

$$x_1=3，x_2=2，x_3=-1$$

看完上述解法不禁会问，是否存在一种消元法，能同时消去 2 个变量？答案是肯定的。

解 2 用行向量

$$\boldsymbol{v}_1=\begin{bmatrix}1 & -\frac{1}{2} & -1\end{bmatrix} \tag{1-41}$$

乘方程组（1–40），有

$$\left(1-\frac{3}{2}-2\right)x_1=11-\frac{3}{2}-17=-6-\frac{3}{2}$$

由此得

$$x_1=3$$

用行向量

$$\boldsymbol{v}_2=[19 \quad 3 \quad -14] \tag{1-42}$$

乘方程组（1–40），有

$$(38-6-42)x_2=209+9-238$$

由此得

$$x_2 = 2$$

综上所述，知方程组（1-40）的解为

$$x_1 = 3，x_2 = 2，x_3 = -1$$

至此，当然会问，向量 $\boldsymbol{v}_1$ 和 $\boldsymbol{v}_2$ 是从哪里来的？

一年级同学的答案：

（1）将方程（1-40）改写成向量式

$$\begin{bmatrix}1\\3\\2\end{bmatrix}x_1 + \begin{bmatrix}2\\-2\\3\end{bmatrix}x_2 + \begin{bmatrix}-4\\2\\-5\end{bmatrix}x_3 = \begin{bmatrix}11\\3\\17\end{bmatrix} \tag{1-43}$$

$$\triangleq \boldsymbol{a}_1x_1 + \boldsymbol{a}_2x_2 + \boldsymbol{a}_3x_3 = \boldsymbol{b}$$

（2）把列向量 $\boldsymbol{a}_2$ 和 $\boldsymbol{a}_3$ 标示在三维坐标系上，如图 1-5 所示。从图上可见，必存在一平面 S，过原点，且同时包含向量 $\boldsymbol{a}_2$ 和 $\boldsymbol{a}_3$。

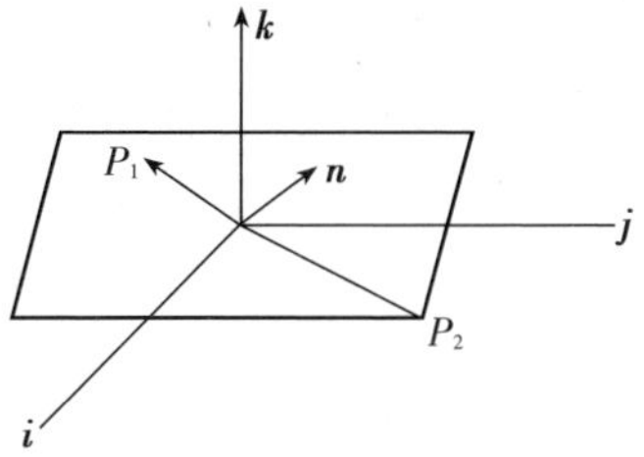

图 1-5

（3）求平面方程，已知平面 S 满足 3 个条件，过原点、点 $P_1(2，-2，3)$ 及点 $P_2(-4，2，-5)$。因此，设 S 的方程为

$$ax_1 + bx_2 + cx_3 = 0$$

并相继将点 P_1 及 P_2 的坐标代入上式，分别有

$$2a - 2b + 3c = 0$$

$$-4a + 2b - 5c = 0$$

上列联立方程，其变量 a、b 和 c 多于方程数，存在无穷多解，为简单计，取

$$a = 1，b = -\frac{1}{2}，c = -1$$

看到上列结果，并同 $\boldsymbol{v}_1 = \begin{bmatrix}1 & -\frac{1}{2} & -1\end{bmatrix}$ 对比，如已恍然大悟，则可喜可贺；如仍不知所措，则盼重温有关平面的知识，并深究如下等式

$$\begin{cases}\left(\boldsymbol{i} - \frac{1}{2}\boldsymbol{j} - \boldsymbol{k}\right)\cdot(2\boldsymbol{i} - 2\boldsymbol{j} + 3\boldsymbol{k}) = 0\\ \left(\boldsymbol{i} - \frac{1}{2}\boldsymbol{j} - \boldsymbol{k}\right)\cdot(-4\boldsymbol{i} + 2\boldsymbol{j} - 5\boldsymbol{k}) = 0\end{cases} \tag{1-44}$$

的含义，弄明白平面的法线所具有的特性，果真如此，则向量 $\boldsymbol{v}_2=[19\quad 3\quad -14]$ 的来龙去脉当一目了然，无须多说。

高年级同学的答案：

（1）复习向量积，即

$$\boldsymbol{a}\times\boldsymbol{b}=(|\boldsymbol{a}||\boldsymbol{b}|\sin\theta)\boldsymbol{n}$$

参见《高数笔谈》（东北大学出版社，2016 年第 1 版，第 150 页）。

（2）求方程组（1–43）中向量 $\boldsymbol{a}_2$ 同 $\boldsymbol{a}_3$ 的向量积，有

$$\begin{aligned}\boldsymbol{a}_2\times\boldsymbol{a}_3&=(2\boldsymbol{i}-2\boldsymbol{j}+3\boldsymbol{k})\times(-4\boldsymbol{i}+2\boldsymbol{j}-5\boldsymbol{k})\\&=4\boldsymbol{i}-2\boldsymbol{j}-4\boldsymbol{k}=4\left(\boldsymbol{i}-\frac{1}{2}\boldsymbol{j}-\boldsymbol{k}\right)\end{aligned}\tag{1–45}$$

（3）心里想着向量积，并将式（1–45）与等式（1–44）对比，马上就发现了答案。

问题是破解了，但尚有余味，总想了解：从具体角度看，一个向量需要什么条件方能同时与其他两个向量正交？以下就是我们思考的结论。

设存在 2 个向量

$$\boldsymbol{A}=a_1\boldsymbol{i}+a_2\boldsymbol{j}+a_3\boldsymbol{k},\ \boldsymbol{B}=b_1\boldsymbol{i}+b_2\boldsymbol{j}+b_3\boldsymbol{k}$$

并求其向量积

$$\begin{aligned}\boldsymbol{A}\times\boldsymbol{B}&=(a_1\boldsymbol{i}+a_2\boldsymbol{j}+a_3\boldsymbol{k})\times(b_1\boldsymbol{i}+b_2\boldsymbol{j}+b_3\boldsymbol{k})\\&=(a_2b_3-a_3b_2)\boldsymbol{i}+(a_3b_1-a_1b_3)\boldsymbol{j}+(a_1b_2-a_2b_1)\boldsymbol{k}\\&=\begin{vmatrix}a_2&a_3\\b_2&b_3\end{vmatrix}\boldsymbol{i}+\begin{vmatrix}a_3&a_1\\b_3&b_1\end{vmatrix}\boldsymbol{j}+\begin{vmatrix}a_1&a_2\\b_1&b_2\end{vmatrix}\boldsymbol{k}\end{aligned}\tag{1–46}$$

上列结果众所周知，再次展示，必有用心，用心何在？在于请大家目睹，借助式（1–46），当向量 $\boldsymbol{A}$ 与向量积 $\boldsymbol{A}\times\boldsymbol{B}$ 进行数量积后，所生成的等式

$$\begin{aligned}\boldsymbol{A}\cdot(\boldsymbol{A}\times\boldsymbol{B})&=(a_1\boldsymbol{i}+a_2\boldsymbol{j}+a_3\boldsymbol{k})\cdot\left(\begin{vmatrix}a_2&a_3\\b_2&b_3\end{vmatrix}\boldsymbol{i}+\begin{vmatrix}a_3&a_1\\b_3&b_1\end{vmatrix}\boldsymbol{j}+\begin{vmatrix}a_1&a_2\\b_1&b_2\end{vmatrix}\boldsymbol{k}\right)\\&=a_1\begin{vmatrix}a_2&a_3\\b_2&b_3\end{vmatrix}+a_2\begin{vmatrix}a_3&a_1\\b_3&b_1\end{vmatrix}+a_3\begin{vmatrix}a_1&a_2\\b_1&b_2\end{vmatrix}\\&=\begin{vmatrix}a_1&a_2&a_3\\a_1&a_2&a_3\\b_1&b_2&b_3\end{vmatrix}=0\end{aligned}\tag{1–47}$$

同理，计算留给读者，有

$$\boldsymbol{B}\cdot(\boldsymbol{A}\times\boldsymbol{B})=\begin{vmatrix} b_1 & b_2 & b_3 \\ a_1 & a_2 & a_3 \\ b_1 & b_2 & b_3 \end{vmatrix}=0 \tag{1-48}$$

看到上列等式，不宜轻易放过，了解其本质后，多元一次线性方程组的求解大门已为之敞开，让我们就此登堂入室，一览无遗。

1.4.2　通用解法

设有三元一次线性方程组

$$\begin{bmatrix} a_{11} \\ a_{12} \\ a_{13} \end{bmatrix}x_1+\begin{bmatrix} a_{21} \\ a_{22} \\ a_{23} \end{bmatrix}x_2+\begin{bmatrix} a_{31} \\ a_{32} \\ a_{33} \end{bmatrix}x_3=\begin{bmatrix} b_1 \\ b_2 \\ b_3 \end{bmatrix} \tag{1-49}$$

请在吃透等式（1–47）和等式（1–48）后，求解上列方程组。

解　先求变量 x_1，步骤如下：

（1）作向量

$$\boldsymbol{A}_1=\begin{vmatrix} \boldsymbol{i} & \boldsymbol{j} & \boldsymbol{k} \\ a_{12} & a_{22} & a_{32} \\ a_{13} & a_{23} & a_{33} \end{vmatrix} \tag{1-50}$$

显见，其中的第 2 和第 3 行正是变量 x_2 和 x_3 的系数向量 $\boldsymbol{a}_2$ 和 $\boldsymbol{a}_3$。

（2）将式（1–50）展开，有

$$\begin{aligned}\boldsymbol{A}_1&=\begin{vmatrix} a_{22} & a_{32} \\ a_{23} & a_{33} \end{vmatrix}\boldsymbol{i}+\begin{vmatrix} a_{32} & a_{12} \\ a_{33} & a_{13} \end{vmatrix}\boldsymbol{j}+\begin{vmatrix} a_{12} & a_{22} \\ a_{13} & a_{23} \end{vmatrix}\boldsymbol{k}\\ &\triangleq A_{11}\boldsymbol{i}+A_{12}\boldsymbol{j}+A_{13}\boldsymbol{k}\end{aligned} \tag{1-51}$$

（3）简记方程（1–49）中变量的系数向量分别为

$$\boldsymbol{a}_1\triangleq a_{11}\boldsymbol{i}+a_{12}\boldsymbol{j}+a_{13}\boldsymbol{k},\ \boldsymbol{a}_2\triangleq a_{21}\boldsymbol{i}+a_{22}\boldsymbol{j}+a_{23}\boldsymbol{k},\ \boldsymbol{a}_3\triangleq a_{31}\boldsymbol{i}+a_{32}\boldsymbol{j}+a_{33}\boldsymbol{k} \tag{1-52}$$

然后，用向量（1–51）同方程（1–49）各项进行数量积，得

$$\begin{aligned}&(a_{11}A_{11}+a_{12}A_{12}+a_{13}A_{13})x_1+(a_{21}A_{11}+a_{22}A_{12}+a_{23}A_{13})x_2+\\&(a_{31}A_{11}+a_{32}A_{12}+a_{33}A_{13})x_3=b_1A_{11}+b_2A_{12}+b_{13}A_{13}\end{aligned} \tag{1-53}$$

（4）上列等式共含 4 项，其中每项实际上都是行列式：

$$\begin{vmatrix} a_{11} & a_{12} & a_{13} \\ a_{21} & a_{22} & a_{23} \\ a_{31} & a_{32} & a_{33} \end{vmatrix}x_1+\begin{vmatrix} a_{21} & a_{22} & a_{23} \\ a_{21} & a_{22} & a_{23} \\ a_{31} & a_{32} & a_{33} \end{vmatrix}x_2+\begin{vmatrix} a_{31} & a_{32} & a_{33} \\ a_{21} & a_{22} & a_{23} \\ a_{31} & a_{32} & a_{33} \end{vmatrix}x_3=\begin{vmatrix} b_1 & b_2 & b_3 \\ a_{21} & a_{22} & a_{23} \\ a_{31} & a_{32} & a_{33} \end{vmatrix}$$

（5）简记系数向量 $\boldsymbol{a}_1$、$\boldsymbol{a}_2$ 和 $\boldsymbol{a}_3$ 组成的行列式

$$D=\begin{vmatrix}a_{11} & a_{12} & a_{13}\\ a_{21} & a_{22} & a_{23}\\ a_{31} & a_{32} & a_{33}\end{vmatrix} \text{及} D_1=\begin{vmatrix}b_1 & b_2 & b_3\\ a_{21} & a_{22} & a_{23}\\ a_{31} & a_{32} & a_{33}\end{vmatrix} \tag{1-54}$$

由此则得

$$x_1=\frac{D_1}{D}$$

同理可得

$$x_2=\frac{D_2}{D},\quad x_3=\frac{D_3}{D} \tag{1-55}$$

至于式（1-55）中 D_2 和 D_3 的含义，请读者参照等式（1-54）自行补齐。

显然，这种解法可以推广，用以求解任何多元一次线性方程组。

1.4.3 面积解法

这种解法的思路源于，从二元一次联立方程组

$$\begin{cases}a_1x_1+a_2x_2=b_1\\ a_3x_1+a_4x_2=b_2\end{cases} \tag{1-56}$$

的解

$$x_1=\frac{\begin{vmatrix}b_1 & a_2\\ b_2 & a_4\end{vmatrix}}{\begin{vmatrix}a_1 & a_2\\ a_3 & a_4\end{vmatrix}},\quad x_2=\frac{\begin{vmatrix}a_1 & b_1\\ a_3 & b_2\end{vmatrix}}{\begin{vmatrix}a_1 & a_2\\ a_3 & a_4\end{vmatrix}} \tag{1-57}$$

受到的启示。在式（1-57）中，变量 x_1 和 x_2，从代数角度看，都是行列式的比；但从几何角度看，都是面积之比；大家一定还清楚，二阶行列式就是由其2组列（行）向量所构成的平行四边形的面积。为具体起见，先看一个简单的例子。

例 1.1 试用面积解法求解下列方程组

$$\begin{bmatrix}1\\0\end{bmatrix}x_1+\begin{bmatrix}0\\2\end{bmatrix}x_2=\begin{bmatrix}3\\4\end{bmatrix} \tag{1-58}$$

解 借助等式（1-56），可知

$$x_1=\frac{\begin{vmatrix}3 & 0\\ 4 & 2\end{vmatrix}}{\begin{vmatrix}1 & 0\\ 0 & 2\end{vmatrix}}=3,\quad x_2=\frac{\begin{vmatrix}1 & 3\\ 0 & 4\end{vmatrix}}{\begin{vmatrix}1 & 0\\ 0 & 2\end{vmatrix}}=2$$

看过之后，读者定会认为，如此做法将成为大众的笑料！哪有把一个非常

小儿科的问题当成重症处置的道理？所言不假，但请听本书的解释。

为具体起见，下面把本例的求解绘制成图，如图 1–6 所示。方程（1–58）共有 3 个列向量，在图上分别为

$$\boldsymbol{a}_1=[1\quad 0]^{\mathrm{T}}，\boldsymbol{a}_2=[0\quad 2]^{\mathrm{T}}，\boldsymbol{b}=[3\quad 4]^{\mathrm{T}}$$

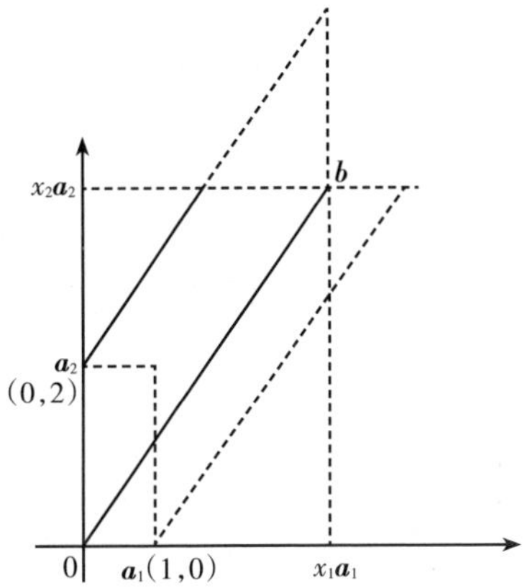

图 1–6

从图上清楚可见，向量 $\boldsymbol{b}$ 和 $\boldsymbol{a}_2$ 所围成的平行四边形的面积记为 A_1，则显然有

$$A_1=|x_1\boldsymbol{a}_1\|\boldsymbol{a}_2|=x_1\begin{vmatrix}1 & 0\\0 & 2\end{vmatrix}$$

A_1 既是向量 $\boldsymbol{b}$ 和 $\boldsymbol{a}_2$ 所围成的四边形的面积，又应有

$$A_1=\begin{vmatrix}3 & 0\\4 & 2\end{vmatrix}$$

将上列两式结合起来，便得

$$x_1=\frac{\begin{vmatrix}3 & 0\\4 & 2\end{vmatrix}}{\begin{vmatrix}1 & 0\\0 & 2\end{vmatrix}}=3$$

同理，设向量 $\boldsymbol{b}$ 和 $\boldsymbol{a}_1$ 所围成的平行四边形的面积记为 A_2，则从图 1–6 上可见

$$A_2=|x_2\boldsymbol{a}_1\|\boldsymbol{a}_2|=x_2\begin{vmatrix}1 & 0\\0 & 2\end{vmatrix}$$

又有

$$A_2=\begin{vmatrix}1 & 3\\0 & 4\end{vmatrix}$$

结合上列两式，便得

$$x_2=\frac{\begin{vmatrix}1&3\\0&4\end{vmatrix}}{\begin{vmatrix}1&0\\0&2\end{vmatrix}}=2$$

至于上面说“同理”是否真正同理，盼读者思考，并补充细节。

看到这里，自然会怀疑，上例过于特殊，所得的结论能否适用于一般的情况？这正是下文所要讨论的。

在进入正题之前，作者想复习一下中学的几何：如何求平行四边形的面积？

设有一平行四边形，如图 1-7 所示，试求其面积 A。

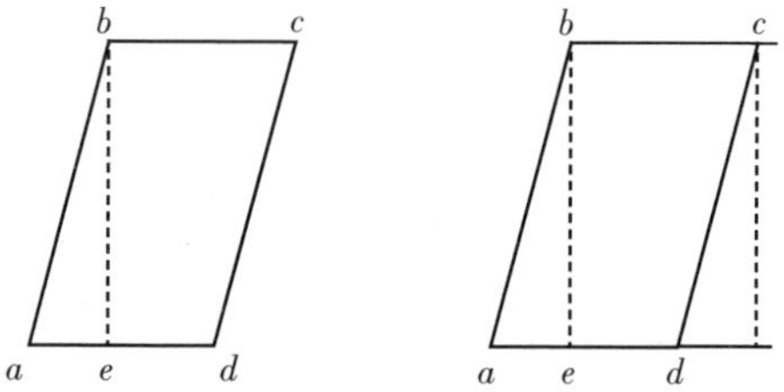

图 1-7

看过上图，不禁恍然顿悟：

$$A=|be|\cdot|ad| \tag{1-59}$$

上式中，$|be|$ 代表从顶点 b 向底边 ad 所作垂线的高，$|ad|$ 代表底边的长度。众所周知，如果将该四边形的任何相邻两边视作向量，例如取

$$\boldsymbol{ab}=a_1\boldsymbol{i}+a_2\boldsymbol{j},\ \ \boldsymbol{ad}=a_3\boldsymbol{i}+a_4\boldsymbol{j}$$

则

$$A=\begin{vmatrix}a_1&a_3\\a_2&a_4\end{vmatrix}=\begin{vmatrix}a_1&a_2\\a_3&a_4\end{vmatrix} \tag{1-60}$$

准备就绪，现在开始研究一般的情况。

例 1.2 试用面积解法求解方程组

$$\begin{cases}2x_1+4x_2=12\\3x_1+x_2=8\end{cases} \tag{1-61}$$

解 （1）将上列方程组改写成向量式

$$x_1\begin{bmatrix}2\\3\end{bmatrix}+x_2\begin{bmatrix}4\\1\end{bmatrix}=\begin{bmatrix}12\\8\end{bmatrix} \tag{1-62}$$

并简记

$$\boldsymbol{a}_1=[2\quad 3]^{\mathrm{T}},\ \boldsymbol{a}_2=[4\quad 1]^{\mathrm{T}},\ \boldsymbol{b}=[12\quad 8]^{\mathrm{T}} \tag{1-63}$$

则等式（1–62）可改写为

$$x_1\boldsymbol{a}_1+x_2\boldsymbol{a}_2=\boldsymbol{b} \tag{1-64}$$

（2）为便于求解，把等式绘成图，如图 1–8 所示。

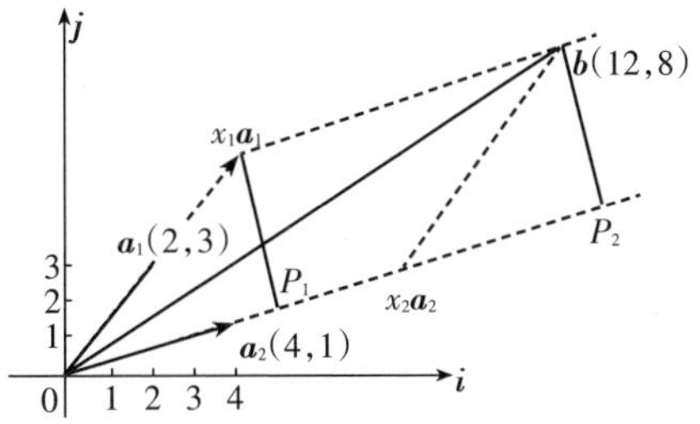

图 1–8

（3）借助图 1–8，让我们来探讨一下：向量 $\boldsymbol{b}$ 同 $\boldsymbol{a}_2$ 所围成的平行四边形面积相比于向量 $x_1\boldsymbol{a}_1$ 同 $\boldsymbol{a}_2$ 所围成的平行四边形面积孰大孰小？

记前者的面积为 A_1，则

$$A_1=|\boldsymbol{a}_2|\cdot|\boldsymbol{b}P_2| \tag{1-65}$$

后者的面积为 A_2，则

$$A_2=|\boldsymbol{a}_2|\cdot|x_1\boldsymbol{a}_1P_1| \tag{1-66}$$

上两式中，P_1 和 P_2 分别为点 $x_1\boldsymbol{a}_1$ 和 $\boldsymbol{b}$ 向 $\boldsymbol{a}_2$ 所作垂线的垂足；$|x_1\boldsymbol{a}_1P_1|$ 为垂线 $x_1\boldsymbol{a}_1P_1$ 的长度，$|\boldsymbol{b}P_2|$ 为垂线 $\boldsymbol{b}P_2$ 的长度；$|\boldsymbol{a}_2|$ 为向量 $\boldsymbol{a}_2$ 的长度。

从图上显然可见，长度

$$|x_1\boldsymbol{a}_1P_1|=|\boldsymbol{b}P_2| \tag{1-67}$$

因此面积

$$A_1=A_2,\ |\boldsymbol{a}_2||\boldsymbol{b}P_2|=|\boldsymbol{a}_2||x_1\boldsymbol{a}_1P_1| \tag{1-68}$$

另外，向量 $\boldsymbol{b}$ 与 $\boldsymbol{a}_2$ 所围成的平行四边形的面积，根据行列式的几何意义可知，有

$$|\boldsymbol{a}_2||\boldsymbol{b}P_2|=\begin{vmatrix}12 & 4\\ 8 & 1\end{vmatrix} \tag{1-69}$$

向量 $x_1\boldsymbol{a}_1$ 与 $\boldsymbol{a}_2$ 所围成的平行四边形的面积，同理有

$$|\boldsymbol{a}_2||x_1\boldsymbol{a}_1P_1|=\begin{vmatrix}2x_1 & 4\\ 3x_1 & 1\end{vmatrix} \tag{1-70}$$

综上所述，可知

$$\begin{vmatrix} 2x_1 & 4 \\ 3x_1 & 1 \end{vmatrix} = \begin{vmatrix} 12 & 4 \\ 8 & 1 \end{vmatrix},\quad x_1\begin{vmatrix} 2 & 4 \\ 3 & 1 \end{vmatrix} = \begin{vmatrix} 12 & 4 \\ 8 & 1 \end{vmatrix}$$

即

$$x_1 = \frac{\begin{vmatrix} 12 & 4 \\ 8 & 1 \end{vmatrix}}{\begin{vmatrix} 2 & 4 \\ 3 & 1 \end{vmatrix}} = \frac{-20}{-10} = 2$$

同理，计算从略，可知

$$x_2 = \frac{\begin{vmatrix} 2 & 12 \\ 3 & 8 \end{vmatrix}}{\begin{vmatrix} 2 & 4 \\ 3 & 1 \end{vmatrix}} = \frac{-20}{-10} = 2$$

面积解法原理上可用于三元及 n 元一次方程组，但绘图不易，缺乏直观性。不过，在其启示下，一种灵活便捷的解法脱颖而出。

1.4.4 综合解法

这种解法是从面积解法演化而来的，常会用到的运算是：求 2 个互为邻边的向量——设为 $\boldsymbol{V}_1$ 和 $\boldsymbol{V}_2$ 所构成的平行四边形的面积；求 3 个向量，设为 $\boldsymbol{V}_1$、$\boldsymbol{V}_2$ 和 $\boldsymbol{V}_3$，互为邻边所构成的平行六面体的体积。如图 1–9 所示。

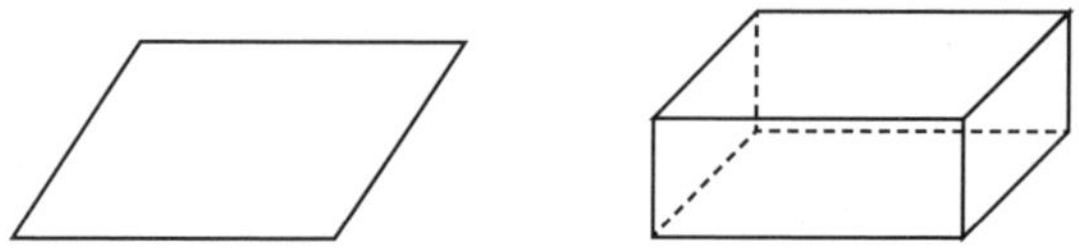

$\boldsymbol{V}_1 \oplus \boldsymbol{V}_2$ $\qquad$ $\boldsymbol{V}_1 \oplus \boldsymbol{V}_2 \oplus \boldsymbol{V}_3$

（a）　（b）

图 1–9

为明确起见，本书命名上述运算为空间积，并简记为⊕。定义：

（1）$\boldsymbol{V}_1 \oplus \boldsymbol{V}_2$ 代表向量 $\boldsymbol{V}_1$ 和 $\boldsymbol{V}_2$ 互为邻边时所构成的平行四边形的面积，即两者的空间积。

（2）$\boldsymbol{V}_1 \oplus \boldsymbol{V}_2 \oplus \boldsymbol{V}_3$ 代表向量 $\boldsymbol{V}_1$、$\boldsymbol{V}_2$ 和 $\boldsymbol{V}_3$ 互为邻边时所构成的平行六面体的体积，即三者的空间积。

不言而喻，上述空间积可推广至 n 维空间，即 n 个向量的空间积。这是后话，届时自有交代。

不难判定，依此定义的空间积是线性的。为具体起见，先看两个例子。

例 1.3　试求如下的二维空间积

$$F=\begin{bmatrix}1\\2\end{bmatrix}\oplus\left(2\begin{bmatrix}2\\1\end{bmatrix}+3\begin{bmatrix}3\\2\end{bmatrix}\right)$$

解 1　先计算圆括号内的和式，由此有

$$F=\begin{bmatrix}1\\2\end{bmatrix}\oplus\begin{bmatrix}13\\8\end{bmatrix}=\begin{vmatrix}1 & 13\\2 & 8\end{vmatrix}=-18$$

解 2　先将圆括号打开，由此有

$$F=\begin{bmatrix}1\\2\end{bmatrix}\oplus\begin{bmatrix}4\\2\end{bmatrix}+\begin{bmatrix}1\\2\end{bmatrix}\oplus\begin{bmatrix}9\\6\end{bmatrix}=\begin{vmatrix}1 & 4\\2 & 2\end{vmatrix}+\begin{vmatrix}1 & 9\\2 & 6\end{vmatrix}$$

$$=-6-12=-18$$

显然可见，两者完全一样。

例 1.4　试求如下的二维空间积

$$F=\begin{bmatrix}a\\b\end{bmatrix}\oplus\left(x\begin{bmatrix}c\\d\end{bmatrix}+y\begin{bmatrix}e\\f\end{bmatrix}\right)$$

解 1　先计算括号内的和式

$$F=\begin{bmatrix}a\\b\end{bmatrix}\oplus\begin{bmatrix}cx+ey\\dx+fy\end{bmatrix}=\begin{bmatrix}a & cx+ey\\b & dx+fy\end{bmatrix}$$

$$=(ad-cb)x+(af-be)y$$

解 2　先将括号打开

$$F=\begin{bmatrix}a & cx\\b & dx\end{bmatrix}+\begin{bmatrix}a & ey\\b & fy\end{bmatrix}=(ad-cb)x+(af-be)y$$

显然可见，两者完全一样。

综上所述并结合有关空间积的定义，不难推出如下两项重要的结论：

（1）空间积作为一种映射是线性的。

（2）空间积中，如有 2 个或更多向量相等或同向，则其值为零。

例 1.5　用空间积重解例 1.2，即求解

$$x_1\begin{bmatrix}2\\3\end{bmatrix}+x_2\begin{bmatrix}4\\1\end{bmatrix}=\begin{bmatrix}12\\8\end{bmatrix}\tag{1-71}$$

解　先求变量 x_1，则用变量 x_2 的系数向量 $[4\quad 1]^T$ 与方程（1–71）进行空间积，得

$$x_1\begin{bmatrix}2\\3\end{bmatrix}\oplus\begin{bmatrix}4\\1\end{bmatrix}+x_2\begin{bmatrix}4\\1\end{bmatrix}\oplus\begin{bmatrix}4\\1\end{bmatrix}=\begin{bmatrix}12\\8\end{bmatrix}\oplus\begin{bmatrix}4\\1\end{bmatrix}\tag{1-72}$$

根据空间积的定义，式（1–72）化为

$$x_1\begin{vmatrix}2 & 4\\3 & 1\end{vmatrix}+x_2\begin{vmatrix}4 & 4\\1 & 1\end{vmatrix}=\begin{vmatrix}12 & 4\\8 & 1\end{vmatrix} \tag{1-73}$$

即

$$x_1=\frac{\begin{vmatrix}12 & 4\\8 & 1\end{vmatrix}}{\begin{vmatrix}2 & 4\\3 & 1\end{vmatrix}}=\frac{-20}{-10}=2 \tag{1-74}$$

同理可得

$$x_2=\frac{\begin{vmatrix}12 & 2\\8 & 3\end{vmatrix}}{\begin{vmatrix}4 & 2\\1 & 3\end{vmatrix}}=\frac{20}{10}=2 \tag{1-75}$$

例 1.6 试用空间积重解方程组（1–28）（参见 1.4 节）

$$\begin{cases}a_{11}x_1+a_{12}x_2=b_1\\a_{21}x_1+a_{22}x_2=b_2\end{cases} \tag{1-76}$$

解 先求 x_1，则用 x_2 的系数向量 $[a_{12} \quad a_{22}]^{\mathrm{T}}$ 与方程（1–76）进行空间积，得

$$x_1\begin{bmatrix}a_{11}\\a_{21}\end{bmatrix}\oplus\begin{bmatrix}a_{12}\\a_{22}\end{bmatrix}+x_2\begin{bmatrix}a_{12}\\a_{22}\end{bmatrix}\oplus\begin{bmatrix}a_{12}\\a_{22}\end{bmatrix}=\begin{bmatrix}b_1\\b_2\end{bmatrix}\oplus\begin{bmatrix}a_{12}\\a_{22}\end{bmatrix} \tag{1-77}$$

根据空间积的定义，式（1–77）化为

$$x_1\begin{vmatrix}a_{11} & a_{12}\\a_{21} & a_{22}\end{vmatrix}+x_2\begin{vmatrix}a_{12} & a_{12}\\a_{22} & a_{22}\end{vmatrix}=\begin{vmatrix}b_1 & a_{12}\\b_2 & a_{22}\end{vmatrix} \tag{1-78}$$

即

$$x_1=\frac{\begin{vmatrix}b_1 & a_{12}\\b_2 & a_{22}\end{vmatrix}}{\begin{vmatrix}a_{11} & a_{12}\\a_{21} & a_{22}\end{vmatrix}} \tag{1-79}$$

同理可得

$$x_2=\frac{\begin{vmatrix}a_{11} & b_1\\a_{21} & b_2\end{vmatrix}}{\begin{vmatrix}a_{11} & a_{12}\\a_{21} & a_{22}\end{vmatrix}} \tag{1-80}$$

看到这里，建议读者回头重温在 1.4 节中对方程（1–28）的求解，定会受益匪浅。同时必然联想，如此卓越的方法能否推广至多元联立方程组？下面我

们就来一试。

例 1.7　试用空间积重解方程组（1–40）

$$\begin{cases}x_1+2x_2-4x_3=11\\3x_1-2x_2+2x_3=3\\2x_1+3x_2-5x_3=17\end{cases} \tag{1-81}$$

解　第 1 步，将方程组改写成向量式，即

$$x_1\begin{bmatrix}1\\3\\2\end{bmatrix}+x_2\begin{bmatrix}2\\-2\\3\end{bmatrix}+x_3\begin{bmatrix}-4\\2\\-5\end{bmatrix}=\begin{bmatrix}11\\3\\17\end{bmatrix} \tag{1-82}$$

第 2 步，欲求变量 x_1，则用变量 x_2 或 x_3 的系数向量 $[2\quad -2\quad 3]^{\mathrm{T}}$ 或 $[-4\quad 2\quad -5]^{\mathrm{T}}$ 同方程组（1–82）进行空间积。现在先用 $[2\quad -2\quad 3]^{\mathrm{T}}$，得

$$x_1\begin{bmatrix}1\\3\\2\end{bmatrix}\oplus\begin{bmatrix}2\\-2\\3\end{bmatrix}+x_2\begin{bmatrix}2\\-2\\3\end{bmatrix}\oplus\begin{bmatrix}2\\-2\\3\end{bmatrix}+x_3\begin{bmatrix}-4\\2\\-5\end{bmatrix}\oplus\begin{bmatrix}2\\-2\\3\end{bmatrix}=\begin{bmatrix}11\\3\\17\end{bmatrix}\oplus\begin{bmatrix}2\\-2\\3\end{bmatrix} \tag{1-83}$$

写到这里，有必要复述一下空间积的实际含义。比如，空间积

$$\begin{bmatrix}1\\3\\2\end{bmatrix}\oplus\begin{bmatrix}2\\-2\\3\end{bmatrix}\triangleq S_1 \tag{1-84}$$

就代表在三维空间中，两个向量 $[1\quad 3\quad 2]^{\mathrm{T}}$ 与 $[2\quad -2\quad 3]^{\mathrm{T}}$ 作为相邻边所组成的平行四边形的面积 S_1，如图 1–10 所示。

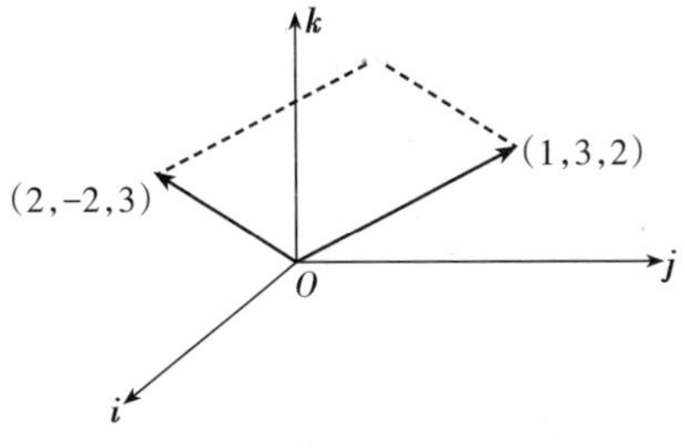

图 1–10

据此可知，在方程（1–83）中，变量 x_2 的空间积为零，即

$$\begin{bmatrix}2\\-2\\3\end{bmatrix}\oplus\begin{bmatrix}2\\-2\\3\end{bmatrix}=0 \tag{1-85}$$

因为向量 $[2\quad -2\quad 3]^{\mathrm{T}}$ 自身重合，构不成平行四边形。从而方程化为

$$x_1\begin{bmatrix}1\\3\\2\end{bmatrix}\oplus\begin{bmatrix}2\\-2\\3\end{bmatrix}+x_3\begin{bmatrix}-4\\2\\-5\end{bmatrix}\oplus\begin{bmatrix}2\\-2\\3\end{bmatrix}=\begin{bmatrix}11\\3\\17\end{bmatrix}\oplus\begin{bmatrix}2\\-2\\3\end{bmatrix}\tag{1-86}$$

下一步该如何办？变量 x_2 已经从方程（1–83）中消除了，当然该设法消除 x_3！至于用什么手段，用变量 x_3 的系数向量 $[-4\quad 2\quad -5]^{\mathrm{T}}$ 同方程（1–86）进行空间积，依此得

$$x_1\begin{bmatrix}1\\3\\2\end{bmatrix}\oplus\begin{bmatrix}2\\-2\\3\end{bmatrix}\oplus\begin{bmatrix}-4\\2\\-5\end{bmatrix}+x_3\begin{bmatrix}-4\\2\\-5\end{bmatrix}\oplus\begin{bmatrix}2\\-2\\3\end{bmatrix}\oplus\begin{bmatrix}-4\\2\\-5\end{bmatrix}=\begin{bmatrix}11\\3\\17\end{bmatrix}\oplus\begin{bmatrix}2\\-2\\3\end{bmatrix}\oplus\begin{bmatrix}-4\\2\\-5\end{bmatrix}\tag{1-87}$$

式（1–87）存在 3 个三维向量的空间积，应该还知道，其中每一个都是（就实际意义而言）三维空间中 3 个向量互为邻边所构成的平行六面体的体积。例如，空间积

$$\begin{bmatrix}1\\3\\2\end{bmatrix}\oplus\begin{bmatrix}2\\-2\\3\end{bmatrix}\oplus\begin{bmatrix}-4\\2\\-5\end{bmatrix}\triangleq V_1\tag{1-88}$$

的几何意义就如图 1–11 所示。

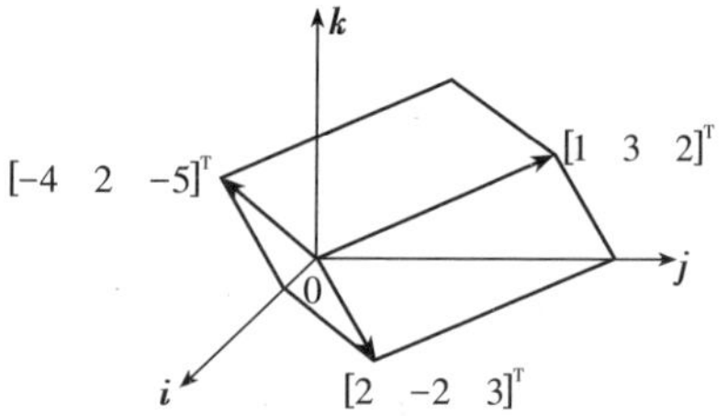

图 1–11

有了以上解说，试问变量 x_3 的空间积

$$\begin{bmatrix}-4\\2\\-5\end{bmatrix}\oplus\begin{bmatrix}2\\-2\\3\end{bmatrix}\oplus\begin{bmatrix}-4\\2\\-5\end{bmatrix}\triangleq V_3\tag{1-89}$$

其值为何？脑洞一开，一眼便看出其值为零。原因在于：V_3 中含 3 个向量，而第 1 和第 3 个是相同的，即 $[-4\quad 2\quad -5]^{\mathrm{T}}$，哪能构成六面体？一个平行四边形而已，所以体积等于零。

据上所述，方程（1–87）便简化为

$$x_1\begin{bmatrix}1\\3\\2\end{bmatrix}\oplus\begin{bmatrix}2\\-2\\3\end{bmatrix}\oplus\begin{bmatrix}-4\\2\\-5\end{bmatrix}=\begin{bmatrix}11\\3\\17\end{bmatrix}\oplus\begin{bmatrix}2\\-2\\3\end{bmatrix}\oplus\begin{bmatrix}-4\\2\\-5\end{bmatrix}\tag{1-90}$$

显然，余下的问题是式（1–90）中两个空间积的取值。读者先请看，等式（1–88）的空间积 V_1 该取值多少？读者再请看图 1–11，当会恍然大悟，空间积 V_1 正是由其 3 个向量构成的空间六面体的体积。

休息一下，回想我们在学习行列式时，曾探讨过行列式的几何性质，二阶行列式

$$A_2=\begin{vmatrix}a_1 & b_1\\ a_2 & b_2\end{vmatrix}=a_1b_2-b_1a_2$$

的绝对值 $|a_1b_2-b_1a_2|$ 就是由其两个列向量或行向量

$$[a_1\quad a_2]^{\mathrm{T}},\ [b_1\quad b_2]^{\mathrm{T}} \text{或} [a_1\quad b_1],\ [a_2\quad b_2]$$

为邻边所构成的平行四边形的面积；三阶行列式

$$A_2=\begin{vmatrix}a_1 & b_1 & c_1\\ a_2 & b_2 & c_2\\ a_3 & b_3 & c_3\end{vmatrix}$$

的绝对值就是由其 3 个列向量或行向量为邻边在空间所构成的平行六面体的体积。

综上所述，方程（1–90）中的两个空间积分别为

$$\begin{bmatrix}1\\3\\2\end{bmatrix}\oplus\begin{bmatrix}2\\-2\\3\end{bmatrix}\oplus\begin{bmatrix}-4\\2\\-5\end{bmatrix}=\begin{vmatrix}1 & 2 & -4\\3 & -2 & 2\\2 & 3 & -5\end{vmatrix}=-10$$

$$\begin{bmatrix}11\\3\\17\end{bmatrix}\oplus\begin{bmatrix}2\\-2\\3\end{bmatrix}\oplus\begin{bmatrix}-4\\2\\-5\end{bmatrix}=\begin{vmatrix}11 & 2 & -4\\3 & -2 & 2\\17 & 3 & -5\end{vmatrix}=-30$$

将上列结果代入方程（1–90），由此得

$$x_1=\frac{-30}{-10}=3 \tag{1–91}$$

第 3 步，变量 x_1 解出后，存在两种选择，分别介绍如下。

（1）参照求变量 x_1 的做法，欲再求变量 x_2，则用变量 x_1 和 x_3 的系数向量 $[1\quad 3\quad 2]^{\mathrm{T}}$ 和 $[-4\quad 2\quad -5]^{\mathrm{T}}$ 相继与方程（1–82）进行空间积，得

$$x_1\begin{bmatrix}1\\3\\2\end{bmatrix}\oplus\begin{bmatrix}1\\3\\2\end{bmatrix}\oplus\begin{bmatrix}-4\\2\\-5\end{bmatrix}+x_2\begin{bmatrix}2\\-2\\3\end{bmatrix}\oplus\begin{bmatrix}1\\3\\2\end{bmatrix}\oplus\begin{bmatrix}-4\\2\\-5\end{bmatrix}+x_3\begin{bmatrix}-4\\2\\-5\end{bmatrix}\oplus\begin{bmatrix}1\\3\\2\end{bmatrix}\oplus\begin{bmatrix}-4\\2\\-5\end{bmatrix}=\begin{bmatrix}11\\3\\17\end{bmatrix}\oplus\begin{bmatrix}1\\3\\2\end{bmatrix}\oplus\begin{bmatrix}-4\\2\\-5\end{bmatrix} \tag{1–92}$$

经简化后，细节留给读者，式（1–92）化为

$$x_2\begin{vmatrix} 2 & 1 & -4 \\ -2 & 3 & 2 \\ 3 & 2 & -5 \end{vmatrix} = \begin{vmatrix} 11 & 1 & -4 \\ 3 & 3 & 2 \\ 17 & 2 & -5 \end{vmatrix}$$

由此得

$$x_2 = \frac{20}{10} = 2$$

（2）既然变量 x_1 已经知道，将其值代入原方程，则得

$$3 + 2x_2 - 4x_3 = 11$$
$$9 - 2x_2 + 2x_3 = 3$$
$$6 + 3x_2 - 5x_3 = 17$$

这样的方程就留给中学生做练习吧！

看完上列两种选择，孰是孰非，何去何从，请自行决断。现在该关心的问题在于：可否将空间积的解法推广至一般的情况？

1.4.5 总结

在遇到新问题时，我们习惯的办法是从简单的或特殊的情况入手。因此，先来看一个例子。

例 1.8 试用空间积求解方程组

$$\begin{cases} a_{11}x_1 + a_{12}x_2 + a_{13}x_3 = b_1 \\ a_{21}x_1 + a_{22}x_2 + a_{23}x_3 = b_2 \\ a_{31}x_1 + a_{32}x_2 + a_{33}x_3 = b_3 \end{cases} \tag{1-93}$$

解 第 1 步，将方程改写成向量式，并记

$$\boldsymbol{a}_1 = [a_{11} \quad a_{21} \quad a_{31}]^{\mathrm{T}},\ \boldsymbol{a}_2 = [a_{12} \quad a_{22} \quad a_{32}]^{\mathrm{T}},\ \boldsymbol{a}_3 = [a_{13} \quad a_{23} \quad a_{33}]^{\mathrm{T}}$$

则方程组（1–93）化为

$$x_1\boldsymbol{a}_1 + x_2\boldsymbol{a}_2 + x_3\boldsymbol{a}_3 = \boldsymbol{b},\ \boldsymbol{b} \triangleq [b_1 \quad b_2 \quad b_3]^{\mathrm{T}} \tag{1-94}$$

第 2 步，欲求变量 x_1，则用变量 x_2 与 x_3 的系数向量 $\boldsymbol{a}_2$ 与 $\boldsymbol{a}_3$ 相继同方程（1–94）进行空间积，得

$$\begin{aligned} & x_1\boldsymbol{a}_1 \oplus \boldsymbol{a}_2 \oplus \boldsymbol{a}_3 + x_2\boldsymbol{a}_2 \oplus \boldsymbol{a}_2 \oplus \boldsymbol{a}_3 + x_3\boldsymbol{a}_3 \oplus \boldsymbol{a}_2 \oplus \boldsymbol{a}_3 \\ & = \boldsymbol{b} \oplus \boldsymbol{a}_2 \oplus \boldsymbol{a}_3 \end{aligned} \tag{1-95}$$

第 3 步，将空间积转变为行列式，则方程（1–95）化为

$$x_1\begin{vmatrix} a_{11} & a_{12} & a_{13} \\ a_{21} & a_{22} & a_{23} \\ a_{31} & a_{32} & a_{33} \end{vmatrix} + x_2\begin{vmatrix} a_{12} & a_{12} & a_{13} \\ a_{22} & a_{22} & a_{23} \\ a_{32} & a_{32} & a_{33} \end{vmatrix} + x_3\begin{vmatrix} a_{13} & a_{12} & a_{13} \\ a_{23} & a_{22} & a_{23} \\ a_{33} & a_{32} & a_{33} \end{vmatrix} = \begin{vmatrix} b_1 & a_{12} & a_{13} \\ b_2 & a_{22} & a_{23} \\ b_3 & a_{32} & a_{33} \end{vmatrix} \tag{1-96}$$

据式（1-96）可知

$$x_1 = \frac{D_1}{D} \tag{1-97}$$

式中

$$D = \begin{vmatrix} a_{11} & a_{12} & a_{13} \\ a_{21} & a_{22} & a_{23} \\ a_{31} & a_{32} & a_{33} \end{vmatrix} \neq 0,\quad D_1 = \begin{vmatrix} b_1 & a_{12} & a_{13} \\ b_2 & a_{22} & a_{23} \\ b_3 & a_{32} & a_{33} \end{vmatrix}$$

同理，可得

$$x_2 = \frac{D_2}{D},\quad x_3 = \frac{D_3}{D} \tag{1-98}$$

式中

$$D_2 = \begin{vmatrix} a_{11} & b_1 & a_{13} \\ a_{21} & b_2 & a_{23} \\ a_{31} & b_3 & a_{33} \end{vmatrix},\quad D_3 = \begin{vmatrix} a_{11} & a_{12} & b_1 \\ a_{21} & a_{22} & b_2 \\ a_{31} & a_{32} & b_3 \end{vmatrix}$$

看到这里，不禁想到，此例所用的手法也适用于一般的情况。因此，克拉默法则的另一证明由是出现。

1.4.6　克拉默法则的空间积证法

设有 n 元一次线性方程组

$$\begin{cases} a_{11}x_1 + \cdots + a_{1n}x_n = b_1 \\ a_{21}x_1 + \cdots + a_{2n}x_n = b_2 \\ \cdots\cdots\cdots\cdots \\ a_{n1}x_1 + \cdots + a_{nn}x_n = b_n \end{cases} \tag{1-99}$$

若简记变量 x_j 的系数向量为

$$\boldsymbol{a}_j = [a_{1j},\ a_{2j},\ \cdots,\ a_{nj}]^{\mathrm{T}},\quad 1 \leqslant j \leqslant n \tag{1-100}$$

则方程组（1-99）化为

$$x_1\boldsymbol{a}_1 + x_2\boldsymbol{a}_2 + \cdots + x_n\boldsymbol{a}_n = \boldsymbol{b},\quad \boldsymbol{b} \triangleq [b_1,\ b_2,\ \cdots,\ b_n]^{\mathrm{T}} \tag{1-101}$$

借鉴例 1.8 求解方程组（1-93）的经验，欲计算式（1-101）中的变量 x_1，可用变量 x_2，x_3，…，x_n 的系数向量 $\boldsymbol{a}_2$，$\boldsymbol{a}_3$，…，$\boldsymbol{a}_n$ 同方程（1-101）相继进行空间积，则由此得

$$x_1\boldsymbol{a}_1 \oplus \boldsymbol{a}_2 \oplus \cdots \oplus \boldsymbol{a}_n = \boldsymbol{b} \oplus \boldsymbol{a}_2 \oplus \cdots \oplus \boldsymbol{a}_n \tag{1-102}$$

看到这里，一些读者会产生疑问，方程（1-102）中为何没有其余变量 x_2，x_3，…，x_n 的影子？一些读者会给出答案，因此它们的系数等于零。例

如，变量 x_2 的系数就是空间积

$$\boldsymbol{a}_2 \oplus \boldsymbol{a}_2 \oplus \boldsymbol{a}_3 \oplus \cdots \oplus \boldsymbol{a}_n = 0 \tag{1-103}$$

的原因在于：其中存在 2 个向量，即 $\boldsymbol{a}_2$ 与 $\boldsymbol{a}_2$ 乃同向量。

不言而喻，变量 x_3，x_4，…，x_n 的系数为什么也等于零？与上述同理。

将方程（1-102）中的空间积转化为行列式，则得

$$x_1|\boldsymbol{a}_1 \quad \boldsymbol{a}_2 \quad \cdots \quad \boldsymbol{a}_n| = |\boldsymbol{b} \quad \boldsymbol{a}_2 \quad \boldsymbol{a}_3 \quad \cdots \quad \boldsymbol{a}_n| \tag{1-104}$$

即

$$x_1 = \frac{|\boldsymbol{b} \quad \boldsymbol{a}_2 \quad \cdots \quad \boldsymbol{a}_n|}{|\boldsymbol{a}_1 \quad \boldsymbol{a}_2 \quad \cdots \quad \boldsymbol{a}_n|} \tag{1-105}$$

同理可得

$$x_2 = \frac{|\boldsymbol{a}_1 \quad \boldsymbol{b} \quad \cdots \quad \boldsymbol{a}_n|}{|\boldsymbol{a}_1 \quad \boldsymbol{a}_2 \quad \cdots \quad \boldsymbol{a}_n|} \tag{1-106}$$

若记

$$|\boldsymbol{a}_1 \quad \boldsymbol{a}_2 \quad \cdots \quad \boldsymbol{a}_n| = D,\ |\boldsymbol{a}_1 \quad \boldsymbol{a}_2 \quad \cdots \quad \boldsymbol{a}_{i-1} \quad \boldsymbol{b} \quad \cdots \quad \boldsymbol{a}_n| = D_i$$

则 n 元一次线性方程组（1-99）的解为

$$x_i = \frac{D_i}{D},\ i = 1,\ 2,\ \cdots,\ n \tag{1-107}$$

式（1-107）中的 D 和 D_i 如用变量的系数表示，则

$$D = \begin{vmatrix} a_{11} & a_{12} & \cdots & a_{1n} \\ a_{21} & a_{22} & \cdots & a_{2n} \\ \vdots & \vdots & & \vdots \\ a_{n1} & a_{n2} & \cdots & a_{nn} \end{vmatrix},\ D_i = \begin{vmatrix} a_{11} & \cdots & b_1 & \cdots & a_{1n} \\ a_{21} & \cdots & b_2 & \cdots & a_{2n} \\ \vdots & & \vdots & & \vdots \\ a_{n1} & & b_n & & a_{nn} \end{vmatrix}$$

可见，D_i 是将 D 中的第 i 列用常数向量 $\boldsymbol{b}$ 替换后的行列式。

以上就是克拉默法则的空间积证明，看了之后，不禁受到启发，想起了行列式的拉普拉斯展开式。例如，下面的行列式按第 1 列展开，则有

$$\begin{vmatrix} a_{11} & a_{12} & a_{13} \\ a_{21} & a_{22} & a_{23} \\ a_{31} & a_{32} & a_{33} \end{vmatrix} = a_{11}\begin{vmatrix} a_{22} & a_{23} \\ a_{32} & a_{33} \end{vmatrix} - a_{21}\begin{vmatrix} a_{12} & a_{13} \\ a_{32} & a_{33} \end{vmatrix} + a_{31}\begin{vmatrix} a_{12} & a_{13} \\ a_{22} & a_{23} \end{vmatrix} \tag{1-108}$$

现在，就可借助式（1-108）求解方程组

$$\begin{cases} a_{11}x_1 + a_{12}x_2 + a_{13}x_3 = b_1 \\ a_{21}x_1 + a_{22}x_2 + a_{23}x_3 = b_2 \\ a_{31}x_1 + a_{32}x_2 + a_{33}x_3 = b_3 \end{cases} \tag{1-109}$$

如何求解？暂时保密，以免读者空失一次思考并展示才华的机会。片刻之后，已有读者想出答案：

（1）将方程组（1–109）写成向量式

$$\begin{bmatrix}a_{11}\\a_{21}\\a_{31}\end{bmatrix}x_1+\begin{bmatrix}a_{12}\\a_{22}\\a_{32}\end{bmatrix}x_2+\begin{bmatrix}a_{13}\\a_{23}\\a_{33}\end{bmatrix}x_3=\begin{bmatrix}b_1\\b_2\\b_3\end{bmatrix}\leftrightarrow \boldsymbol{a}_1x_1+\boldsymbol{a}_2x_2+\boldsymbol{a}_3x_3=\boldsymbol{b} \tag{1–110}$$

（2）将系数行列式的 3 个余子式，即等式（1–108）右侧的 3 个二阶行列式视作向量

$$\boldsymbol{a}=\begin{vmatrix}a_{22}&a_{23}\\a_{32}&a_{33}\end{vmatrix}\boldsymbol{i}-\begin{vmatrix}a_{12}&a_{13}\\a_{32}&a_{33}\end{vmatrix}\boldsymbol{j}+\begin{vmatrix}a_{12}&a_{13}\\a_{22}&a_{23}\end{vmatrix}\boldsymbol{k} \tag{1–111}$$

（3）用向量 $\boldsymbol{a}$ 同方程（1–110）进行数量积，得

$$\begin{vmatrix}a_{11}&a_{12}&a_{13}\\a_{21}&a_{22}&a_{23}\\a_{31}&a_{32}&a_{33}\end{vmatrix}x_1=\begin{vmatrix}b_1&a_{12}&a_{13}\\b_2&a_{22}&a_{23}\\b_3&a_{32}&a_{33}\end{vmatrix} \tag{1–112}$$

由此有

$$x_1=\frac{D_1}{D} \tag{1–113}$$

话到此处，还希读者自己核算一遍，据此便可照猫画虎，求出

$$x_2=\frac{D_2}{D},\quad x_3=\frac{D_3}{D} \tag{1–114}$$

其中，行列式 D，D_1，D_2，D_3 的含义与等式（1–107）中的相同。

为加深理解，下面我们再看一个具体的例子。

例 1.9　试求解下列方程组

$$\begin{cases}x_1-x_2+2x_3=7\\2x_1+x_2-x_3=1\\3x_1+2x_2-2x_3=3\end{cases} \tag{1–115}$$

解　第 1 步，将方程组写成向量式

$$x_1\begin{bmatrix}1\\2\\3\end{bmatrix}+x_2\begin{bmatrix}-1\\1\\2\end{bmatrix}+x_3\begin{bmatrix}2\\-1\\-2\end{bmatrix}=\begin{bmatrix}7\\1\\3\end{bmatrix}\leftrightarrow\begin{bmatrix}1&-1&2\\2&1&-1\\3&2&-2\end{bmatrix}\begin{bmatrix}x_1\\x_2\\x_3\end{bmatrix}=\begin{bmatrix}7\\1\\3\end{bmatrix} \tag{1–116}$$

第 2 步，欲先计算变量 x_2，则将系数行列式第 2 列的 3 个余子式

$$\begin{vmatrix} 1 & -1 & 2 \\ 2 & 1 & -1 \\ 3 & 2 & -2 \end{vmatrix} = (-1)^{1+2}\begin{vmatrix} 2 & -1 \\ 3 & -2 \end{vmatrix} + (-1)^{2+2}\begin{vmatrix} 1 & 2 \\ 3 & -2 \end{vmatrix} + (-1)^{2+3}\begin{vmatrix} 1 & 2 \\ 2 & -1 \end{vmatrix} \quad (1\text{-}117)$$

视作向量 $\boldsymbol{a}$，即

$$\begin{aligned} \boldsymbol{a} &= -\begin{vmatrix} 2 & -1 \\ 3 & -2 \end{vmatrix}\boldsymbol{i} + \begin{vmatrix} 1 & 2 \\ 3 & -2 \end{vmatrix}\boldsymbol{j} - \begin{vmatrix} 1 & 2 \\ 2 & -1 \end{vmatrix}\boldsymbol{k} \\ &= \boldsymbol{i} - 8\boldsymbol{j} + 5\boldsymbol{k} \end{aligned} \quad (1\text{-}118)$$

第 3 步，用向量 $\boldsymbol{a}$ 同方程组（1–116）进行数量积，则得

$$\begin{aligned} (-1-8+10)x_2 &= 7-8+15 \\ x_2 &= 14 \end{aligned} \quad (1\text{-}119)$$

求解变量 x_1 和 x_3 的方法与变量 x_2 同理，分别有

$$x_1 = -1,\ x_3 = 11 \quad (1\text{-}120)$$

具体的运算就留给读者了，因为我们将抽身讨论一个值得思考的问题。

有读者注意到了，向量（1–118）

$$\boldsymbol{a} = \boldsymbol{i} - 8\boldsymbol{j} + 5\boldsymbol{k}$$

同变量 x_1 和 x_2 的系数向量

$$\boldsymbol{a}_1 = \boldsymbol{i} + 2\boldsymbol{j} + 3\boldsymbol{k} \text{和} \boldsymbol{a}_3 = 2\boldsymbol{i} - \boldsymbol{j} - 2\boldsymbol{k} \quad (1\text{-}121)$$

是互相正交的，缘由何在？以下分别说明，请读者参与。

首先，如果把第 2 列的 3 个余子式（1–117）视作第 1 列的余子式，则有行列式

$$A_1 = \begin{vmatrix} 1 & 1 & 2 \\ 2 & 2 & -1 \\ 3 & 3 & -2 \end{vmatrix} = 0 \quad (1\text{-}122)$$

务希有兴趣者尝试变换第 3 列的余子式，看会得到什么行列式。并力求悟透个中的真谛，必获益匪浅。

其次，回忆一下，求一向量同时与两向量正交，我们还掌握什么手段？已经有人应声说道：向量积。

现在就来计算等式（1–121）的向量 $\boldsymbol{a}_1$ 同 $\boldsymbol{a}_3$ 的向量积

$$\begin{aligned} \boldsymbol{a}_1 \times \boldsymbol{a}_3 &= (\boldsymbol{i} + 2\boldsymbol{j} + 3\boldsymbol{k}) \times (2\boldsymbol{i} - \boldsymbol{j} - 2\boldsymbol{k}) \\ &= \begin{vmatrix} 2 & -1 \\ 3 & -2 \end{vmatrix}\boldsymbol{i} - \begin{vmatrix} 1 & 2 \\ 3 & -2 \end{vmatrix}\boldsymbol{j} + \begin{vmatrix} 1 & 2 \\ 2 & -1 \end{vmatrix}\boldsymbol{k} \\ &= -\boldsymbol{i} + 8\boldsymbol{j} - 5\boldsymbol{k} = -(\boldsymbol{i} - 8\boldsymbol{j} + 5\boldsymbol{k}) \end{aligned} \quad (1\text{-}123)$$

由此可见，式（1–123）的结果除符号相反外，同式（1–118）中的向量 $\boldsymbol{a}$ 完

全一致。不难想到，向量积

$$\boldsymbol{a}_3 \times \boldsymbol{a}_1 = \boldsymbol{a}$$

这就完全一致了。

说到这里，可以知道：在三维空间，求与 2 个向量 $\boldsymbol{a}_1$ 和 $\boldsymbol{a}_2$ 同时正交的向量 $\boldsymbol{a}$，可用下列向量积表示

$$\boldsymbol{a}_1 \times \boldsymbol{a}_2 = \boldsymbol{a}$$

请回答：在四维空间，求与 3 个向量 $\boldsymbol{a}_1$，$\boldsymbol{a}_2$ 和 $\boldsymbol{a}_3$ 同时正交的向量 $\boldsymbol{a}$，有无办法？如有，务希告知。

一如既往，我们解决新问题的思路无非是：温故而知新；从简单或特殊情况入手。

1.4.6.1 温故而知新

求向量

$$\boldsymbol{a} = a_1\boldsymbol{i} + a_2\boldsymbol{j} + a_3\boldsymbol{k},\ \boldsymbol{b} = b_1\boldsymbol{i} + b_2\boldsymbol{j} + b_3\boldsymbol{k} \tag{1-124}$$

两者的向量积，有

$$\begin{aligned}
\boldsymbol{a} \times \boldsymbol{b} &= (a_1\boldsymbol{i} + a_2\boldsymbol{j} + a_3\boldsymbol{k}) \times (b_1\boldsymbol{i} + b_2\boldsymbol{j} + b_3\boldsymbol{k}) \\
&= a_1b_2\boldsymbol{k} - a_1b_3\boldsymbol{j} - a_2b_1\boldsymbol{k} + a_2b_3\boldsymbol{i} + a_3b_1\boldsymbol{j} - a_3b_2\boldsymbol{i} \\
&= (a_2b_3 - a_3b_2)\boldsymbol{i} + (a_3b_1 - a_1b_3)\boldsymbol{j} + (a_1b_2 - a_2b_1)\boldsymbol{k} \\
&= \begin{vmatrix} a_2 & b_2 \\ a_3 & b_3 \end{vmatrix}\boldsymbol{i} - \begin{vmatrix} a_1 & b_1 \\ a_3 & b_3 \end{vmatrix}\boldsymbol{j} + \begin{vmatrix} a_1 & b_1 \\ a_2 & b_2 \end{vmatrix}\boldsymbol{k} \\
&= \begin{vmatrix} \boldsymbol{i} & \boldsymbol{j} & \boldsymbol{k} \\ a_1 & a_2 & a_3 \\ b_1 & b_2 & b_3 \end{vmatrix} = \begin{vmatrix} \boldsymbol{i} & a_1 & b_1 \\ \boldsymbol{j} & a_2 & b_2 \\ \boldsymbol{k} & a_3 & b_3 \end{vmatrix}
\end{aligned} \tag{1-125}$$

上面列出了两个行列式，含义是相同的，务请仔细研究其结构，看能否产生灵感，悟出解决问题的办法。为此，提示如下：

（1）行列式的第 2 和第 3 行（列）分别来源于式（1-124），即

$$\boldsymbol{a} = a_1\boldsymbol{i} + a_2\boldsymbol{j} + a_3\boldsymbol{k},\ \boldsymbol{b} = b_1\boldsymbol{i} + b_2\boldsymbol{j} + b_3\boldsymbol{k}$$

（2）行列式第 1 行（列）的余子式

$$\begin{vmatrix} a_2 & a_3 \\ b_2 & b_3 \end{vmatrix}\boldsymbol{i} - \begin{vmatrix} a_1 & a_3 \\ b_1 & b_3 \end{vmatrix}\boldsymbol{j} + \begin{vmatrix} a_1 & a_2 \\ b_1 & b_2 \end{vmatrix}\boldsymbol{k} \triangleq \boldsymbol{c} \tag{1-126}$$

视作另一向量 $\boldsymbol{c}$ 的话，则 $\boldsymbol{c}$ 同时与向量 $\boldsymbol{a}$ 和 $\boldsymbol{b}$ 正交。此说是否成立，请大家核实。另外，关于列的余子式与上述同理，不再重复。

1.4.6.2　大胆假设，小心求证

上述讨论是针对三维向量的，吃透之后，试将其推广至四维向量。为此，需要先做些准备工作。

（1）设存在一个四维空间，其示意图如图 1–12 所示。从图上可见，共有 4 个坐标轴，相互垂直，单位坐标向量除 $\boldsymbol{i}$、$\boldsymbol{j}$ 和 $\boldsymbol{k}$ 外，还增添了 $\boldsymbol{h}$。一般的向量记为

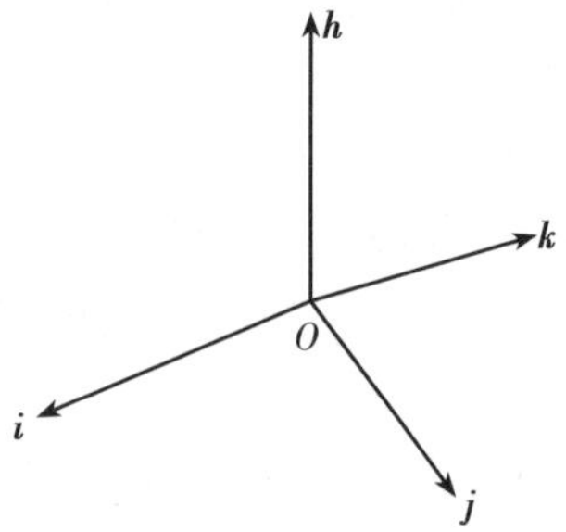

图 1–12

$$\boldsymbol{a}=a_1\boldsymbol{i}+a_2\boldsymbol{j}+a_3\boldsymbol{k}+a_4\boldsymbol{h} \tag{1–127}$$

（2）记上述空间为 $\mathbf{R}^4$，其上向量的加、减与三维空间一样，而为解决数量积问题，特作如下的规定：

① $\boldsymbol{i}\cdot\boldsymbol{i}=\boldsymbol{j}\cdot\boldsymbol{j}=\boldsymbol{k}\cdot\boldsymbol{k}=\boldsymbol{h}\cdot\boldsymbol{h}=1$。（1–128）

② $\boldsymbol{i}\cdot\boldsymbol{j}=\boldsymbol{i}\cdot\boldsymbol{k}=\boldsymbol{i}\cdot\boldsymbol{h}=\boldsymbol{j}\cdot\boldsymbol{k}=\boldsymbol{j}\cdot\boldsymbol{h}=\boldsymbol{k}\cdot\boldsymbol{h}=0$。

例 1.10　试求下列向量

$$\boldsymbol{a}=2\boldsymbol{i}+3\boldsymbol{j}-\boldsymbol{k}+4\boldsymbol{h},\ \boldsymbol{b}=\boldsymbol{i}-2\boldsymbol{j}+3\boldsymbol{k}+\boldsymbol{h}$$

的数量积。

解　根据规定（1–128），有

$$\boldsymbol{a}\cdot\boldsymbol{b}=(2\boldsymbol{i}+3\boldsymbol{j}-\boldsymbol{k}+4\boldsymbol{h})\cdot(\boldsymbol{i}-2\boldsymbol{j}+3\boldsymbol{k}+\boldsymbol{h})$$
$$=2-6-3+4=-3$$

1.4.6.3　猜想

例 1.11　存在下列 3 个四维向量

$$\boldsymbol{a}=\boldsymbol{i}-\boldsymbol{j}+2\boldsymbol{k}+\boldsymbol{h},\ \boldsymbol{b}=2\boldsymbol{i}+\boldsymbol{j}-\boldsymbol{k}+\boldsymbol{h},\ \boldsymbol{c}=-\boldsymbol{i}+2\boldsymbol{j}+\boldsymbol{k}+3\boldsymbol{h}$$

试求向量 $\boldsymbol{d}$，同时与上列 3 个向量正交。

这是个新问题，如何解决？

说到这里，可能有读者应声举手，提出了自己的猜想：

能和例 1.11 中的 3 个四维向量

$$\boldsymbol{a}=\boldsymbol{i}-\boldsymbol{j}+2\boldsymbol{k}+\boldsymbol{h},\ \boldsymbol{b}=2\boldsymbol{i}+\boldsymbol{j}-\boldsymbol{k}+\boldsymbol{h},\ \boldsymbol{c}=-\boldsymbol{i}+2\boldsymbol{j}+\boldsymbol{k}+3\boldsymbol{h}$$

同时正交的四维向量，记为 $\boldsymbol{d}$，则 $\boldsymbol{d}$ 应由以下列行列式

$$A=\begin{vmatrix}\boldsymbol{i} & \boldsymbol{j} & \boldsymbol{k} & \boldsymbol{h}\\ 1 & -1 & 2 & 1\\ 2 & 1 & -1 & 1\\ -1 & 2 & 1 & 3\end{vmatrix} \tag{1–129}$$

中第 1 行 $[\boldsymbol{i}\quad \boldsymbol{j}\quad \boldsymbol{k}\quad \boldsymbol{h}]$ 的 4 个余子式为系数组成，即

$$\boldsymbol{d}=\begin{vmatrix}-1 & 2 & 1\\ 1 & -1 & 1\\ 2 & 1 & 3\end{vmatrix}\boldsymbol{i}-\begin{vmatrix}1 & 2 & 1\\ 2 & -1 & 1\\ -1 & 1 & 3\end{vmatrix}\boldsymbol{j}+\begin{vmatrix}1 & -1 & 1\\ 2 & 1 & 1\\ -1 & 2 & 3\end{vmatrix}\boldsymbol{k}-\begin{vmatrix}1 & -1 & 2\\ 2 & 1 & -1\\ -1 & 2 & 1\end{vmatrix}\boldsymbol{h} \tag{1-130}$$

$$=5\boldsymbol{i}+17\boldsymbol{j}+13\boldsymbol{k}-14\boldsymbol{h}$$

上述猜想究竟是否正确，唯一正确的办法就是验证。

$$\boldsymbol{a}\cdot\boldsymbol{d}=(\boldsymbol{i}-\boldsymbol{j}+2\boldsymbol{k}+\boldsymbol{h})\cdot(5\boldsymbol{i}+17\boldsymbol{j}+13\boldsymbol{k}-14\boldsymbol{h})$$

$$=5-17+26-14=0$$

$$\boldsymbol{b}\cdot\boldsymbol{d}=(2\boldsymbol{i}+\boldsymbol{j}-\boldsymbol{k}+\boldsymbol{h})\cdot(5\boldsymbol{i}+17\boldsymbol{j}+13\boldsymbol{k}-14\boldsymbol{h})$$

$$=10+17-13-14=0$$

$$\boldsymbol{c}\cdot\boldsymbol{d}=(-\boldsymbol{i}+2\boldsymbol{j}+\boldsymbol{k}+3\boldsymbol{h})\cdot(5\boldsymbol{i}+17\boldsymbol{j}+13\boldsymbol{k}-14\boldsymbol{h})$$

$$=-5+34+13-42=0$$

完全正确，猜想成立。

猜想是对了，但不要就此止步。

（1）猜想的根据是行列式

$$A=\begin{vmatrix}\boldsymbol{i} & \boldsymbol{j} & \boldsymbol{k}\\ a_1 & a_2 & a_3\\ b_1 & b_2 & b_3\end{vmatrix} \tag{1-131}$$

第 1 行的余子式，记作向量 $\boldsymbol{c}$，即

$$\boldsymbol{c}=\begin{vmatrix}a_2 & a_3\\ b_2 & b_3\end{vmatrix}\boldsymbol{i}-\begin{vmatrix}a_1 & a_3\\ b_1 & b_3\end{vmatrix}\boldsymbol{j}+\begin{vmatrix}a_1 & a_2\\ b_1 & b_2\end{vmatrix}\boldsymbol{k} \tag{1-132}$$

同时与向量

$$\boldsymbol{a}=a_1\boldsymbol{i}+a_2\boldsymbol{j}+a_3\boldsymbol{k},\ \boldsymbol{b}=b_1\boldsymbol{i}+b_2\boldsymbol{j}+b_3\boldsymbol{k}$$

正交。通过直接计算，不难验证

$$\boldsymbol{a}\cdot\boldsymbol{c}=0,\ \boldsymbol{b}\cdot\boldsymbol{c}=0$$

即

$$\begin{aligned}&a_1\begin{vmatrix}a_2 & a_3\\ b_2 & b_3\end{vmatrix}-a_2\begin{vmatrix}a_1 & a_3\\ b_1 & b_3\end{vmatrix}+a_3\begin{vmatrix}a_1 & a_2\\ b_1 & b_2\end{vmatrix}=0\\ &b_1\begin{vmatrix}a_2 & a_3\\ b_2 & b_3\end{vmatrix}-b_2\begin{vmatrix}a_1 & a_3\\ b_1 & b_3\end{vmatrix}+b_3\begin{vmatrix}a_1 & a_2\\ b_1 & b_2\end{vmatrix}=0\end{aligned} \tag{1-133}$$

需要说明，上列两式不必计算，只要一看，就能看出：必然等于零。此话怎讲？让我们思考片刻，回答不迟。

不久，已有读者给出答案：将其还原为如下的行列式：

$$\begin{vmatrix} a_1 & a_2 & a_3 \\ a_1 & a_2 & a_3 \\ b_1 & b_2 & b_3 \end{vmatrix}=0$$

$$\begin{vmatrix} b_1 & b_2 & b_3 \\ a_1 & a_2 & a_3 \\ b_1 & b_2 & b_3 \end{vmatrix}=0$$

行文至此，为加深印象，希望有兴趣的读者把等式（1–131）的三阶行列式换成如下的四阶行列式：

$$A=\begin{vmatrix} \boldsymbol{i} & \boldsymbol{j} & \boldsymbol{k} & \boldsymbol{h} \\ a_1 & a_2 & a_3 & a_4 \\ b_1 & b_2 & b_3 & b_4 \\ c_1 & c_2 & c_3 & c_4 \end{vmatrix}$$

并参照等式（1–132）写出其第 1 行的余子式，记作向量 $\boldsymbol{D}$，即

$$\boldsymbol{D}=\begin{vmatrix} a_2 & a_3 & a_4 \\ b_2 & b_3 & b_4 \\ c_2 & c_3 & c_4 \end{vmatrix}\boldsymbol{i}-\begin{vmatrix} a_1 & a_3 & a_4 \\ b_1 & b_3 & b_4 \\ c_1 & c_3 & c_4 \end{vmatrix}\boldsymbol{j}+\begin{vmatrix} a_1 & a_2 & a_4 \\ b_1 & b_2 & b_4 \\ c_1 & c_2 & c_4 \end{vmatrix}\boldsymbol{k}-\begin{vmatrix} a_1 & a_2 & a_3 \\ b_1 & b_2 & b_3 \\ c_1 & c_2 & c_3 \end{vmatrix}\boldsymbol{h}$$

最后，务盼读者自行判断，向量 $\boldsymbol{D}$ 同时与哪 3 个四维向量正交，并给出判断的根据。顺利的话，一定会有人情不自禁地作出如下猜想。

（2）猜想。

设存在 n 维欧氏空间 $\mathbf{R}^n$，其坐标单位向量分别为 $\boldsymbol{i}_1$，$\boldsymbol{i}_2$，…，$\boldsymbol{i}_n$，且有

$$\boldsymbol{i}_m\cdot\boldsymbol{i}_l=1,\ m=l;\ \boldsymbol{i}_m\cdot\boldsymbol{i}_l=0,\ m\neq l \tag{1–134}$$

则行列式

$$A=\begin{vmatrix} \boldsymbol{i}_1 & \boldsymbol{i}_2 & \cdots & \boldsymbol{i}_n \\ a_{11} & a_{12} & \cdots & a_{1n} \\ a_{21} & a_{22} & \cdots & a_{2n} \\ \vdots & \vdots & & \vdots \\ a_{n-1,1} & a_{n-1,2} & \cdots & a_{n-1,n} \end{vmatrix} \tag{1–135}$$

第 1 行的余子式所构成的向量

$$\begin{vmatrix} a_{12} & a_{13} & \cdots & a_{1n} \\ a_{22} & a_{23} & \cdots & a_{2n} \\ \vdots & \vdots & & \vdots \\ a_{n-1,2} & a_{n-1,3} & \cdots & a_{n-1,n} \end{vmatrix}\boldsymbol{i}_1-\begin{vmatrix} a_{11} & a_{13} & \cdots & a_{1n} \\ a_{21} & a_{23} & \cdots & a_{2n} \\ \vdots & \vdots & & \vdots \\ a_{n-1,1} & a_{n-1,3} & \cdots & a_{n-1,n} \end{vmatrix}\boldsymbol{i}_2+\cdots+$$

$$(-1)^{n+1}\begin{vmatrix} a_{11} & a_{12} & \cdots & a_{1,\ n-1} \\ a_{21} & a_{22} & \cdots & a_{2,\ n-1} \\ \vdots & \vdots & & \vdots \\ a_{n-1,\ 1} & a_{n-1,\ 2} & \cdots & a_{n-1,\ n-1} \end{vmatrix}\boldsymbol{i}_n$$

将与行列式 A 的第 2 行至第 n 行元素所组成的向量

$$\boldsymbol{a}_j = a_{j1}\boldsymbol{i}_1 + a_{j2}\boldsymbol{i}_2 + \cdots + a_{jn}\boldsymbol{i}_n,\ \ 1 \leqslant j \leqslant n-1$$

全部正交。

上述猜想是否正确？笔者认为，它只是已知结论（1-130）和结论（1-132）的一般化，至于证实工作就留给读者了，因为我们正急于借助该猜想对克拉默法则进行更新的证明。

1.4.7　克拉默法则的更新证明准备

在证明之前，需要做些准备工作。

（1）在上述猜想中，若将所用的行列式（1-135）改成其转置

$$A^{\mathrm{T}} = \begin{vmatrix} \boldsymbol{i}_1 & a_{11} & \cdots & a_{n-1,\ 1} \\ \boldsymbol{i}_2 & a_{12} & \cdots & a_{n-1,\ 2} \\ \vdots & \vdots & & \vdots \\ \boldsymbol{i}_n & a_{1n} & \cdots & a_{n-1,\ n} \end{vmatrix} \tag{1-136}$$

结论照样，只需行列互换而已，举例说明如下。

例 1.12　试求解下列方程组：

$$\begin{cases} x_1 + x_2 + x_3 = 6 \\ 2x_1 - x_2 + 3x_3 = 9 \\ x_1 + 2x_2 - x_3 = 2 \end{cases} \tag{1-137}$$

解　第 1 步，将方程组改写成向量式

$$\begin{bmatrix} 1 \\ 2 \\ 1 \end{bmatrix} x_1 + \begin{bmatrix} 1 \\ -1 \\ 2 \end{bmatrix} x_2 + \begin{bmatrix} 1 \\ 3 \\ -1 \end{bmatrix} x_3 = \begin{bmatrix} 6 \\ 9 \\ 2 \end{bmatrix} \leftrightarrow \boldsymbol{a}_1 x_1 + \boldsymbol{a}_2 x_2 + \boldsymbol{a}_3 x_3 = \boldsymbol{b} \tag{1-138}$$

第 2 步，如欲先求解变量 x_1，则将系数行列式的第 1 列 $[1\ \ 2\ \ 1]^{\mathrm{T}}$ 换为 $[\boldsymbol{i}\ \ \boldsymbol{j}\ \ \boldsymbol{k}]^{\mathrm{T}}$，即

$$A = \begin{vmatrix} 1 & 1 & 1 \\ 2 & -1 & 3 \\ 1 & 2 & -1 \end{vmatrix} \to \begin{vmatrix} \boldsymbol{i} & 1 & 1 \\ \boldsymbol{j} & -1 & 3 \\ \boldsymbol{k} & 2 & -1 \end{vmatrix} \tag{1-139}$$

并计算其展开式，记为向量 $\boldsymbol{C}$，即

$$C=\begin{vmatrix}-1 & 3\\ 2 & -1\end{vmatrix}\boldsymbol{i}-\begin{vmatrix}1 & 1\\ 2 & -1\end{vmatrix}\boldsymbol{j}+\begin{vmatrix}1 & 1\\ -1 & 3\end{vmatrix}\boldsymbol{k}=-5\boldsymbol{i}+3\boldsymbol{j}+4\boldsymbol{k} \tag{1-140}$$

第3步，用向量 $\boldsymbol{C}$ 与方程（1-138）进行数量积，得

$$5x_1=5,\ x_1=1$$

同理可得

$$x_2=2,\ x_3=3$$

具体计算，请大家代劳。但为证明方便起见，下面就把此例解法规范化。

（2）规范化。

若记方程组的系数行列式为

$$D=|\boldsymbol{a}_1\quad \boldsymbol{a}_2\quad \boldsymbol{a}_3|$$

其中，各列代换为向量后为

$$D_1=|\boldsymbol{b}\quad \boldsymbol{a}_2\quad \boldsymbol{a}_3|,\ D_2=|\boldsymbol{a}_1\quad \boldsymbol{b}\quad \boldsymbol{a}_3|,\ D_3=|\boldsymbol{a}_1\quad \boldsymbol{a}_2\quad \boldsymbol{b}| \tag{1-141}$$

则其解为

$$x_1=\frac{D_1}{D},\ x_2=\frac{D_2}{D},\ x_3=\frac{D_3}{D} \tag{1-142}$$

上列结果的正确性，我们先就变量 x_1 的等式证实如下。

首先，用向量 $\boldsymbol{C}$［见式（1-140）］与方程组（1-138）进行数量积，得

$$|\boldsymbol{a}_1\quad \boldsymbol{a}_2\quad \boldsymbol{a}_3|x_1+|\boldsymbol{a}_2\quad \boldsymbol{a}_2\quad \boldsymbol{a}_3|x_2+|\boldsymbol{a}_3\quad \boldsymbol{a}_2\quad \boldsymbol{a}_3|x_3=|\boldsymbol{b}\quad \boldsymbol{a}_2\quad \boldsymbol{a}_3| \tag{1-143}$$

显然

$$|\boldsymbol{a}_2\quad \boldsymbol{a}_2\quad \boldsymbol{a}_3|=0,\ |\boldsymbol{a}_3\quad \boldsymbol{a}_2\quad \boldsymbol{a}_3|=0$$

因此，等式（1-143）化为

$$|\boldsymbol{a}_1\quad \boldsymbol{a}_2\quad \boldsymbol{a}_3|x_1=|\boldsymbol{b}\quad \boldsymbol{a}_2\quad \boldsymbol{a}_3|$$

即

$$x_1=\frac{|\boldsymbol{b}\quad \boldsymbol{a}_2\quad \boldsymbol{a}_3|}{|\boldsymbol{a}_1\quad \boldsymbol{a}_2\quad \boldsymbol{a}_3|}=\frac{D_1}{D} \tag{1-144}$$

同理可知

$$x_2=\frac{D_2}{D},\ x_3=\frac{D_3}{D} \tag{1-145}$$

限于篇幅，上列结果的具体运算务希大家自行动手，核实一遍，如果不行，再来一遍，直到悟透为止。

1.4.8　克拉默法则的更新证明

下列 n 元一次线性方程组

$$\begin{cases} a_{11}x_1 + a_{12}x_2 + \cdots + a_{1n}x_n = b_1 \\ a_{21}x_1 + a_{22}x_2 + \cdots + a_{2n}x_n = b_2 \\ \quad \vdots \qquad \vdots \qquad\qquad \vdots \qquad \vdots \\ a_{n1}x_1 + a_{n2}x_2 + \cdots + a_{nn}x_n = b_n \end{cases} \tag{1-146}$$

其向量式为

$$\boldsymbol{a}_1 x_1 + \boldsymbol{a}_2 x_2 + \cdots + \boldsymbol{a}_n x_n = \boldsymbol{b} \tag{1-147}$$

式中

$$\boldsymbol{a}_i = [a_{1i} \quad a_{2i} \quad \cdots \quad a_{ni}]^{\mathrm{T}}，\ \boldsymbol{b} = [b_1 \quad b_2 \quad \cdots \quad b_n]^{\mathrm{T}}$$

其解为

$$x_i = \frac{D_i}{D}，\ 1 \leqslant i \leqslant n \tag{1-148}$$

式中，D 和 D_i 分别是如下的行列式

$$D = |\boldsymbol{a}_1 \quad \boldsymbol{a}_2 \quad \cdots \quad \boldsymbol{a}_n|$$

即方程组（1–146）的系数行列式

$$D = \begin{vmatrix} a_{11} & a_{12} & \cdots & a_{1n} \\ a_{21} & a_{22} & \cdots & a_{2n} \\ \vdots & \vdots & & \vdots \\ a_{n1} & a_{n2} & \cdots & a_{nn} \end{vmatrix} \tag{1-149}$$

$$D_i = |\boldsymbol{a}_1 \quad \boldsymbol{a}_2 \quad \cdots \quad \boldsymbol{a}_{i-1} \quad \boldsymbol{b} \quad \boldsymbol{a}_{i+1} \quad \cdots \quad \boldsymbol{a}_n| \tag{1-150}$$

即将系数行列式 D 中第 i 列换成向量 $\boldsymbol{b}$ 后的行列式。

证明　第 1 步，引进 n 维向量

$$\boldsymbol{I} = [\boldsymbol{i}_1 \quad \boldsymbol{i}_2 \quad \cdots \quad \boldsymbol{i}_n]^{\mathrm{T}} \tag{1-151}$$

式中，$\boldsymbol{i}_1$，$\boldsymbol{i}_2$，…，$\boldsymbol{i}_n$ 均为单位向量，其运算规则已由等式（1–134）定义。

第 2 步，将行列式 D 的第 i 列换成向量 $\boldsymbol{I}$，即转变为行列式

$$A = \begin{vmatrix} a_{11} & a_{12} & \cdots & \boldsymbol{i}_1 & \cdots & a_{1n} \\ a_{21} & a_{22} & \cdots & \boldsymbol{i}_2 & \cdots & a_{2n} \\ \vdots & \vdots & & \vdots & & \vdots \\ a_{n1} & a_{n2} & \cdots & \boldsymbol{i}_n & \cdots & a_{nn} \end{vmatrix} \tag{1-152}$$

第 3 步，求行列式 A 第 i 列的余子式，并将其记作向量 $\boldsymbol{C}$，即

$$C=(-1)^{i+1}\begin{vmatrix} a_{21} & a_{22} & \cdots & a_{2n} \\ \vdots & \vdots & & \vdots \\ a_{n1} & a_{n2} & \cdots & a_{nn} \end{vmatrix}\boldsymbol{i}_1+(-1)^{i+2}\begin{vmatrix} a_{11} & a_{12} & \cdots & a_{1n} \\ \vdots & \vdots & & \vdots \\ a_{n1} & a_{n2} & \cdots & a_{nn} \end{vmatrix}\boldsymbol{i}_2+\cdots+$$

$$(-1)^{i+n}\begin{vmatrix} a_{11} & a_{12} & \cdots & a_{1n} \\ \vdots & \vdots & & \vdots \\ a_{n-1,\,1} & a_{n-1,\,2} & \cdots & a_{n-1,\,n} \end{vmatrix}\boldsymbol{i}_n \tag{1-153}$$

第 4 步，用向量 $\boldsymbol{C}$ 与方程组（1–146）的向量式（1–147）进行数量积，则得

$$Dx_i=D_i$$

或

$$x_i=\frac{D_i}{D} \tag{1-154}$$

显然，上述结论适用于

$$1\leqslant i\leqslant n$$

法则证完。

初学者对上述证明必然是将信将疑，为此，建议两点：

（1）从等式（1–134）开始，复习一遍。

（2）看完下例后，自己动手演算一遍。

例 1.13　试求解下列方程组

$$\begin{cases} x_1+x_2+x_3+x_4=0 \\ x_1-x_2+x_3-x_4=6 \\ 2x_1+x_2+2x_3+x_4=3 \\ x_1+2x_2+x_3+x_4=-1 \end{cases} \tag{1-155}$$

解　第 1 步，引进四维向量

$$\boldsymbol{I}=[\boldsymbol{i}_1 \quad \boldsymbol{i}_2 \quad \boldsymbol{i}_3 \quad \boldsymbol{i}_4]$$

式中，$\boldsymbol{i}_1$，$\boldsymbol{i}_2$，$\boldsymbol{i}_3$，$\boldsymbol{i}_4$ 均为单位向量，其运算规则已由等式（1–134）定义。

第 2 步，将方程组（1–155）的系数行列式

$$D=\begin{vmatrix} 1 & 1 & 1 & 1 \\ 1 & -1 & 1 & -1 \\ 2 & 1 & 2 & 1 \\ 1 & 2 & 1 & 1 \end{vmatrix}$$

的第 1 列换成向量 $\boldsymbol{I}$，转为行列式

$$A=\begin{vmatrix} \boldsymbol{i}_1 & 1 & 1 & 1 \\ \boldsymbol{i}_2 & -1 & 1 & -1 \\ \boldsymbol{i}_3 & 1 & 2 & 1 \\ \boldsymbol{i}_4 & 2 & 1 & 1 \end{vmatrix}$$

第 3 步，求行列式 A 的余子式，头一列的，并记作向量 $\boldsymbol{C}$，即

$$\boldsymbol{C}=\begin{vmatrix} -1 & 1 & -1 \\ 1 & 2 & 1 \\ 2 & 1 & 1 \end{vmatrix}\boldsymbol{i}_1-\begin{vmatrix} 1 & 1 & 1 \\ 1 & 2 & 1 \\ 2 & 1 & 1 \end{vmatrix}\boldsymbol{i}_2+\begin{vmatrix} 1 & 1 & 1 \\ -1 & 1 & -1 \\ 2 & 1 & 1 \end{vmatrix}\boldsymbol{i}_3-\begin{vmatrix} 1 & 1 & 1 \\ -1 & 1 & -1 \\ 1 & 2 & 1 \end{vmatrix}\boldsymbol{i}_4$$

$$=3\boldsymbol{i}_1+\boldsymbol{i}_2-2\boldsymbol{i}_3$$

第 4 步，用向量 $\boldsymbol{C}$ 与方程组（1–155）的向量式，即

$$\begin{bmatrix} 1 \\ 1 \\ 2 \\ 1 \end{bmatrix}x_1+\begin{bmatrix} 1 \\ -1 \\ 1 \\ 2 \end{bmatrix}x_2+\begin{bmatrix} 1 \\ 1 \\ 2 \\ 1 \end{bmatrix}x_3+\begin{bmatrix} 1 \\ -1 \\ 1 \\ 1 \end{bmatrix}x_4=\begin{bmatrix} 0 \\ 6 \\ 3 \\ -1 \end{bmatrix}$$

进行数量积，得

$$0x_1+0x_2+0x_3+0x_4=0$$

上列结果并不矛盾，但无意义，原因何在？在于：变量 x_1 同 x_3 的系数向量相同，非线性独立。因此，原方程组（1–155）的变量数 x_1，x_2，x_3 和 x_4 共 4 个，而方程组中实际上只有 3 个是独立的，这将方程组改写成

$$\begin{cases} (x_1+x_3)+x_2+x_4=0 \\ (x_1+x_3)-x_2-x_4=6 \\ 2(x_1+x_3)+x_2+x_4=3 \\ (x_1+x_3)+2x_2+x_4=-1 \end{cases}$$

就非常清楚了。

另外，如将方程组（1–155）中的第 1 个方程乘 3，第 2 个乘 1，第 3 个乘（–2），则得

$$3(x_1+x_2+x_3+x_4)+(x_1-x_2+x_3-x_4)-2(2x_1+x_2+2x_3+x_4)$$

$$=6-2\times3=0$$

可见，这三者是线性相关的。

综上所述，上例的目的主要在于：提供在 n 维空间求一向量 $\boldsymbol{C}$ 同时与

（$n-1$）个其他相互独立的 n 维向量正交的方法，这就为证明克拉默法则提供了更新的证明。另外，同时也说明，一个方程组如其变量数多于方程数，则解无穷。

看到这里，读者一定生疑，用如此多的文字来重述已很成熟的克拉默法则，有无必要？有疑问总是值得点赞的。

另外，本着怀疑的精神去看待一些学术问题也是应予肯定的。为此，下面探讨两个项目。

（1）线性方程组应该说是相对简单的，但我们已经找到了各式各样的解决和证明，是否还有？

（2）众所周知，在三维空间，如果存在 2 个向量 $\boldsymbol{a}$ 和 $\boldsymbol{b}$，需要求出另一向量 $\boldsymbol{c}$，同时与 $\boldsymbol{a}$ 和 $\boldsymbol{b}$ 正交，我们已经有现成的手法：向量积

$$\boldsymbol{c}=\boldsymbol{a}\times\boldsymbol{b} \text{ 或 } \boldsymbol{c}=\boldsymbol{b}\times\boldsymbol{a}$$

请问，在四维空间，存在 3 个向量 $\boldsymbol{a}$、$\boldsymbol{b}$ 和 $\boldsymbol{c}$，如何求出另一个向量 $\boldsymbol{d}$，同时与上述 3 个向量正交？能不能在四维空间定义出与三维空间向量积相类似的 3 个向量 $\boldsymbol{a}$、$\boldsymbol{b}$ 和 $\boldsymbol{c}$ 相乘的向量积？甚至可将此设想推广至 n 维空间。有兴趣的读者不妨一试身手，定有斩获。

1.5　习题

1. 设有三元一次线性方程组

$$\begin{cases} x_1+x_2+x_3=6 \\ x_1-x_2+2x_3=2 \\ 2x_1+x_2-x_3=3 \end{cases}$$

试用已知的各种方法求解，并判断何种解法最优。

2. 在三维欧氏空间，存在向量

$$\boldsymbol{a}=2\boldsymbol{i}+\boldsymbol{j}-\boldsymbol{k}$$

$$\boldsymbol{b}=\boldsymbol{i}-2\boldsymbol{j}+2\boldsymbol{k}$$

试用已知的方法求另一三维向量 $\boldsymbol{c}$，同时与上列向量正交，并判断何种方法最优。

3. 在四维欧氏空间，记坐标轴的单位向量为 $\boldsymbol{i}$、$\boldsymbol{j}$、$\boldsymbol{k}$ 和 $\boldsymbol{h}$，如图 1–12 所示，其运算规则如等式（1–128）所示。

现存在 3 个向量，分别是

$$\boldsymbol{a}=\boldsymbol{i}-\boldsymbol{j}+\boldsymbol{k}+\boldsymbol{h},\ \boldsymbol{b}=2\boldsymbol{i}+\boldsymbol{j}+\boldsymbol{k}-\boldsymbol{h},\ \boldsymbol{c}=\boldsymbol{i}+\boldsymbol{j}+\boldsymbol{k}+\boldsymbol{h}$$

试求另一四维向量 $\boldsymbol{d}$，同时与上列 3 个向量正交。并据此求解下列方程组

$$\begin{cases}x_1+x_2+2x_3+x_4=2\\2x_1-x_2+x_3+x_4=3\\x_1+x_2+x_3+x_4=0\\3x_1+x_2-x_3+x_4=-2\end{cases}$$

4. 试将上题的思路推广至 n 维空间，并据此给出克拉默法则的证明。

第2章 概 率 论

本章不对概率论作全面的讨论，只针对下列三点谈些探究性的看法：

（1）等可能性。

（2）大数定律。

（3）中心极限定理。

2.1 等可能性

初学者在计算某些事件发生的概率，特别涉及贝叶斯公式或全概率公式时，异常困惑，笔者有感于此，现将解困的一种想法“等可能性”或“等概率性”分述如下，供读者参考。

2.1.1 古典概率

等可能性可谓古典概率的奠基石。例如，抛掷一枚正常硬币，设正面向上或反面向上的概率都是$\frac{1}{2}$；抛掷一颗骰子，设从1到6点出现的概率都是$\frac{1}{6}$，这就是等可能性假设。一般而言，“等可能性假设”往往来自理性分析。但在有条件的情况下，也会经过大量的重复实验。请注意，等可能性并非普适的。本小节讨论在等可能假设下，一些更深入的等可能性。

例2.1 一人有两双鞋，外出匆忙，随意拿了两只，请问正好配对的概率是多少？

解1 两双鞋共4只，任取2只的组合数是

$$C_4^2=\frac{4\times3}{1\times2}=6$$

显然，两只鞋正好配对的组合数是

$$C_2^1=2$$

因此，此人拿到的鞋正好配对的概率，不言而喻为

$$\frac{C_2^1}{C_4^2}=\frac{2}{6}=\frac{1}{3}$$

解2 设两双鞋一双为白色、一双为黑色。从中任取一只，如是白（黑）色，再任取一只，根据等可能性，则也是白（黑）色的概率为$\frac{1}{3}$。

两种解法的答案完全一样，孰优孰次，请读者评论。

例2.2 有三对夫妻，分别是北京人、辽宁人和四川人，从其中任请两位，请问正好是一对夫妻的概率是多少？

解1 从三对夫妻6个人中任选2位的组合数是

$$\mathrm{C}_6^2=\frac{6\times5}{1\times2}=15$$

从三对夫妻中任选一对的组合数是

$$\mathrm{C}_3^1=3$$

综上所述，可知答案是

$$P=\frac{\mathrm{C}_3^1}{\mathrm{C}_6^2}=\frac{3}{15}=\frac{1}{5}$$

解2 从三对夫妻中任选一人，无论其为北京人、辽宁人或四川人，则再任选一人，根据等可能性，其为北京人、辽宁人或四川人的概率都等于

$$P=\frac{1}{5}$$

两种解法又得到相同的答案，各评多少分，请读者裁定。

例2.3 某人的衣袋中，放有金、银、铜币各两枚，他随意拿出4枚，请问其两两成双的概率P是多少？

在笔者给出解法时，已有一些读者应声给出了答案，请猜猜，原因何在？猜出来了，为您点赞；猜不出来，请您再仔细琢磨一次例2.2，定会受益。否则，琢磨下面的解法。

解 从6枚钱币中任选4枚的组合数是

$$\mathrm{C}_6^4=\frac{6\times5\times4\times3}{1\times2\times3\times4}=15$$

从3对（金、银和铜币各一对）中任取2对的组合数是

$$\mathrm{C}_3^2=\frac{3\times2}{1\times2}=3$$

综上所述，此例的答案为

$$P=\frac{\mathrm{C}_3^2}{\mathrm{C}_6^4}=\frac{3}{15}=\frac{1}{5}$$

看到答案后，务请读者想想：为什么此例的答案与例2.2的完全相同？

提示，在组合中有一个公式

$$\mathrm{C}_n^r=\mathrm{C}_n^{n-r}$$

例如

$$C_{10}^{7}=C_{10}^{10-7}=C_{10}^{3},\ C_{6}^{4}=C_{6}^{2}$$

直白地说，笔者最喜爱思考上式的实例意义。试想，为什么从6个豆沙包中取4个同取2个的组合数是相等的？请看图2-1，并琢磨其中的含义，直到悟透为止。

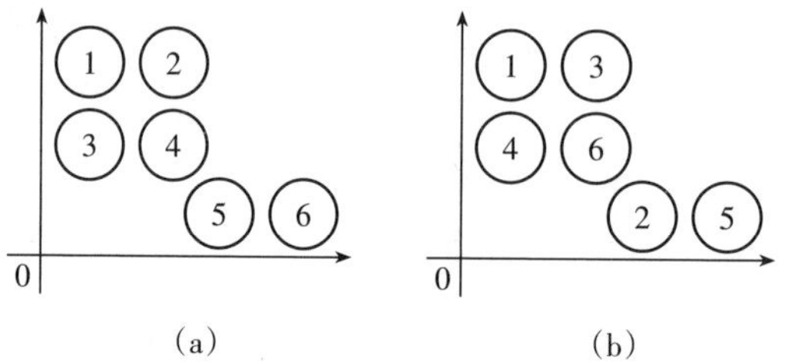

图2-1

现在，如果有读者对“等可能性”的用法尚存疑虑的话，请看下面的例子。

例2.4 袋中有4个小球，只有1个是红色的，从中连续拿出2个，试求拿到红球的概率P。

解1 第1次拿到红球的概率为$\frac{1}{4}$；否则，第2次再拿，拿到红球的概率为

$$\frac{3}{4}\times\frac{1}{3}=\frac{1}{4}$$

将两次概率相加，得拿到红球的概率

$$P=\frac{1}{4}+\frac{1}{4}=\frac{1}{2}$$

解2 设想把4个球分为两组，每组2个球，其中必有且只有一组放着红球。连续拿2个球等同于一次拿一组球。根据等可能性，可知

$$P=\frac{1}{2}$$

其实，这种想法可以更一般化。既然每次拿到红球的概率都是$\frac{1}{4}$，且互不相容，连拿两次，拿到红球的概率自然是

$$P=\frac{1}{4}+\frac{1}{4}=\frac{1}{2}$$

说到这里，猛然想起一个既有兴趣又富争议的话题：抓阄儿。

甲和乙2人都想去参观冬奥会，但只有一张门票，争执不下，诉诸领导。领导只好让2人抓阄儿，并说：“谁抓到写有去字的阄儿谁就去。”闻听此言，甲和乙都争着要先抓，彼此不让，难分伯仲。如果遇到这样的事，该如何处

理？恰在这时，一位读者路过应声道："叫他们重新学习概率论。"

有人认为，学习概率论当然有用；但是，培养独立思考和直观判断的能力不可或缺，就两人抓阄儿而言，想想看，该先抓还是后抓？

不难想到，共有3种抓法：同时抓、甲先抓和乙先抓；两种结果：甲抓到写有去字的阄或乙抓到写有去字的阄。为便于作出决定，列表2-1如下：

表2-1

抓法	同时抓		甲先抓		乙先抓	
结果	1	2	1	2	1	2
甲	去	空	去	空	去	空
乙	空	去	空	去	空	去

从表2-1清楚可见，无论哪种抓法，甲和乙获得去的机会都是一样的。因此，遇到这种情况，务请不要争先恐后，以示谦逊。

例2.5 有3个阄儿，只其一个上面写着"资金千元"，余皆空白。请A、B和C来抓阄儿，试看他们三者的反应。

A心想先抓有利，立马就抢了一个。

B也不甘示弱，跟着也抓了一个。

C学过概率论，坐着不动。

事后，主持人D为三者算了一笔账：

（1）对A说："您抓到的概率是$\frac{1}{3}$。"

（2）对B："A抓不到的概率是$\frac{2}{3}$，这时还剩下2个阄儿，您再抓，抓到的概率是$\frac{1}{2}$。因此，您抓到的概率是$\frac{2}{3}\times\frac{1}{2}=\frac{1}{3}$。"

（3）对C说："A和B抓到的概率一样，都是$\frac{1}{3}$。因此，您抓到的概率是$1-\frac{1}{3}-\frac{1}{3}=\frac{1}{3}$。"

可见，不论先抓、后抓或坐等拿最后一个阄儿，得奖的概率无先后之分，完全一样。

最后，主持人把千元资金平分给A、B和C三个人，并请他们说明平分的理由，读者们，能否想到他们是如何讲的？

已经证实，2人抓阄，无论先后，得奖的概率是相等的。例2.5再次证实，3人抓阄，无论先后，得奖的概率也是相等的。下面还将举个例子，证实4人抓阄，得奖的概率无论先后，甚至同时，得奖的概率也是相等的。

例2.6 有4个小球，其中一个红球，谁抓到红球有奖。试求4个抓球的人A、B、C和D各人得奖的概率。

分两种情况：抓过球之后，无论抓到是否红球，都放回袋中；不放回袋中。

解 第一种情况：抓了球之后，无论是否红球，都放入袋中。

（1）对于A，设A第1个抓，显然，A抓到红球的概率P_A等于

$$P_A = \frac{1}{4}$$

（2）对于B、C和D，无论先抓后抓，显然

$$P_B = P_C = P_D = \frac{1}{4}$$

综上可知，在此情况下，4个人A、B、C和D得奖的概率完全一样，无论是先抓还是后抓。

第二种情况：抓了之后，无论是否红球，都不放入袋中。

（1）对于A，设A第1个抓，显然，其抓到红球的概率

$$P_A = \frac{1}{4}$$

（2）对于B，这又分两种情况：a. 此时A已抓到红球；b. 此时A未抓到红球。

情况a，B抓到红球的概率

$$P_{Ba} = 0$$

情况b，B抓到红球的概率

$$P_{Bb} = \frac{1}{3} \times \frac{3}{4} = \frac{1}{4}$$

两种情况的概率相加，得B抓到红球的概率

$$P_B = P_{Ba} + P_{Bb} = \frac{1}{4}$$

（3）对于C，又分两种情况：a. 此时A或B已抓到红球；b. 此时A和B都未抓到红球。

情况a，C抓到红球的概率

$$P_{Ca} = 0$$

情况b，C抓到红球的概率

$$P_{Cb} = \frac{1}{2} \times \frac{1}{2} = \frac{1}{4}$$

两种情况的概率相加，得C抓到红球的概率

$$P_C = P_{Ca} + P_{Cb} = 0 + \frac{1}{4} = \frac{1}{4}$$

（4）对于D，又分两种情况：a. 此时A、B或C已抓到红球；b. 此时A、B和C都未抓到红球。

情况a，D抓到红球的概率

$$P_{Da}=0$$

情况b，D抓到红球的概率

$$P_{Db}=1\times\frac{1}{4}=\frac{1}{4}$$

现在，存在两个问题值得说明：

（1）在上述各式，概率P_{Bb}、P_{Cb}和P_{Db}中，其后分别乘了概率$\frac{3}{4}$，$\frac{1}{2}$和$\frac{1}{4}$。这是情况b之所以出现的概率，请有兴趣的读者思考。

（2）对于D而言，必然有

$$P_D=P_{Da}+P_{Db}=0+\frac{1}{4}=\frac{1}{4}$$

为什么说必然有？试设想，其他3人A、B和C抓到红球的概率加起来为

$$P_A+P_B+P_C=\frac{1}{4}+\frac{1}{4}+\frac{1}{4}=\frac{3}{4}$$

而红球又必然有人抓到，因此

$$P_D=1-P_A-P_B-P_C=\frac{1}{4}$$

可见，当已知P_A、P_B和P_C后，直接借助上式就可算出P_D了，用不着再分情况a和b去自找麻烦，浪费时间！但其中道理，还请多多思考。

思考什么？案子上放了n个阄儿，只有一个写着奖字，请m个人来抓阄儿，希望读者深思，自己得出结论：这m个人无论是一齐抓，先抓或者后抓，得奖的概率都一样，即

$$P=\frac{1}{n} \tag{2-1}$$

两点声明：

（1）$n\geqslant m$，阄儿数多于人数，或相等。

（2）一人只抓一次，抓了之后，放回案子上或不放回案子上，结论不变。

一点建议：

（1）从$n=m=2$的情况，即从最简单或者说特殊的情况开始思考。

（2）将例2.1至例2.6的各种解法吃透，并深思答案的实际含义。

值得强调：结论（2-1）事实上正是等可能性的真谛！熟知之后，求解相关的问题将得心应手，易如反掌。不然，请看下例。

例2.7 书架上放了5本书，1本《唐诗三百首》（以下简称《唐诗》），4本《高等数学》，读者甲随意从架上拿了2本，问读者乙能拿到《唐诗》的概率P

等于多少?

读者乙说道，这很容易，不到两分钟请看答案。正当此时，读者丙应声说，根据等可能性，不用计算，想两秒钟就知道了，概率

$$P=\frac{2}{5} \tag{2-2}$$

休息一下，请大家思考，是否同意丙的说法?是否同意，都要以理服人，摆出自己的根据。

这时，乙已经计算完毕，如下所示：

$$C_5^2=\frac{5\times4}{1\times2}=10,\ C_4^2=\frac{4\times3}{1\times2}=6$$

式中，C_5^2是从5本书中拿2本的组合数，C_4^2是除《唐诗》外，从余下4本书中拿2本的组合数。因此，拿到《唐诗》的概率

$$P=1-\frac{C_4^2}{C_5^2}=\frac{2}{5}$$

有读者见此答案，叹道："计算正确，但非完美，不如下式。"即

$$P=\frac{C_4^1}{C_5^2}=\frac{4}{10}=\frac{2}{5}$$

确有改进，但是谁能解释一下，式中C_4^1代表何意?盼有人答疑。

重要的是：丙说的根据等可能性，马上就知道

$$P=\frac{2}{5}$$

试设想，从5本书中任选1本，正好拿到《唐诗》的概率，当然是

$$P_1=\frac{1}{5}$$

再拿1本，根据等可能性，拿到《唐诗》的概率也是

$$P_2=\frac{1}{5}$$

两者相加，正好从5本书中随意拿2本，拿到《唐诗》的概率

$$P=P_1+P_2=\frac{2}{5}$$

等可能性已经讲得够多了，读者丙全然领悟，挥洒自如。

2.1.2 全概率公式

例2.8 某家育有3个女儿，事父母至孝。大女每年送父母100件礼品，其中40件为精品；二女每年送80件，其中50件为精品；小女每年送40件，其中25件为精品。

某日父母高兴，从上述礼品中任选了1件，试求其为精品的概率$P(B)$，

式中B代表精品。

解 根据等可能性，易知

$$P(B)=\frac{40+50+25}{100+80+40}=\frac{115}{220}=\frac{23}{44} \tag{2-3}$$

看到这里，读者会认为，这太简单了。但是，当我们把式（2-3）改写为

$$P(B)=\frac{40}{100}\cdot\frac{100}{220}+\frac{50}{80}\cdot\frac{80}{220}+\frac{25}{40}\cdot\frac{40}{220} \tag{2-4}$$

不知大家是否看明白了式（2-4）的含义？请看下文。

（1）思考一下，式（2-4）右边的6个分式

$$\frac{40}{100},\ \frac{100}{220},\ \frac{50}{80},\ \frac{80}{220},\ \frac{25}{40},\ \frac{40}{220} \tag{2-5}$$

各有什么含义？

（2）为具体起见，我们为大女儿、二女儿和小女儿各取个代号，分别称为A_1、A_2和A_3，包括她们所送的礼品，也用A_1、A_2和A_3表示。

（3）同意上述各点之后，请看下列概率

$$P(A_1),\ P(A_2),\ P(A_3),\ P(B|A_1),\ P(B|A_2),\ P(B|A_3)$$

与式（2-5）中的6个分数能否挂钩？已有读者写出

$$P(A_1)=\frac{100}{220},\ P(A_2)=\frac{80}{220},\ P(A_3)=\frac{40}{220} \tag{2-6}$$

另外3个，比较困难，但也没有难倒一位高明的读者，她随手写出

$$P(B|A_1)=\frac{40}{100},\ P(B|A_2)=\frac{50}{80},\ P(B|A_3)=\frac{25}{40} \tag{2-7}$$

（4）等式（2-6）中的3个概率的含义分别是：

$P(A_1)$，从礼品中拿到大女儿礼品的概率；

$P(A_2)$，从礼品中拿到二女儿礼品的概率；

$P(A_3)$，从礼品中拿到小女儿礼品的概率。

（5）等式（2-7）中的3个概率的含义分别是：

$P(B|A_1)$，拿到了大女儿礼品的前提下，同时还是精品；

$P(B|A_2)$，拿到了二女儿礼品的前提下，同时还是精品；

$P(B|A_3)$，拿到了小女儿礼品的前提下，同时还是精品。

综上所述，如果大家对前面6个概率的解说没有异议，则等式（2-4）就成为

$$P(B)=P(B|A_1)P(A_1)+P(B|A_2)P(A_2)+P(B|A_3)P(A_3) \tag{2-8}$$

这便是有名有姓的全概率公式。

其实，理解并记住全概率公式不难：

首先，记住您有几个儿女，比如一儿一女，儿子用A_1代表，女儿用A_2代表，并数清楚儿子每年送您多少礼品，其中多少精品，对女儿也一样；精品用B代表。

其次，当您拿到一件精品时，就联想到这一定是儿子送的，或者女儿送的。

最后，将上述数学化，就成了全概率公式。如果忘了，不妨回想，这件精品究竟是儿子送的，抑或女儿送的。

例2.9 某地共有3家服装厂A_1、A_2和A_3生产高档服装。其中A_1生产了100件，40件为优等品；A_2生产了80件，其中30件为优等品；A_3生产了60件，其中20件为优等品。现在抽样检查，记抽到优等品的事件为B。试求从上述3家服装厂所生产的全部服装中任取1件，为优等品的概率$P(B)$以及$P(B|A_1)$、$P(B|A_2)$和$P(B|A_3)$，并据此验证全概率公式。

留给有兴趣的读者，作为练习以加深印象。

2.1.3 贝叶斯公式

初学贝叶斯公式时，云里雾里；教贝叶斯公式时照猫画虎；现在写贝叶斯公式时，认真对待，沿用老办法，从实例起步。

夫妻二人，育有一儿一女。儿子送了18件礼品，其中6件是蛋糕；女儿送了20件礼品，其中8件是蛋糕。

当丈夫拿到一块蛋糕时，问妻子道："这是儿子送的，还是女儿送的?"当妻子拿到一块蛋糕时，问丈夫道："这是女儿送的，还是儿子送的?"

回答这类问题，可求助贝叶斯公式。

（1）拿到一块蛋糕时，无论对于丈夫还是妻子，是儿子送的，其概率易知是

$$\frac{6}{8+6}=\frac{3}{7} \tag{2-9}$$

是女儿送的，其概率易知是

$$\frac{8}{8+6}=\frac{4}{7} \tag{2-10}$$

（2）前面刚讲过，当拿到一件精品时，就会联想到全概率公式（2-8）

$$P(B)=P(B|A_1)P(A_1)+P(B|A_2)P(A_2)+\cdots+P(B|A_n)P(A_n) \tag{2-11}$$

在这里，蛋糕属于精品，所以想到

$$P(B)=P(B|A_1)P(A_1)+P(B|A_2)P(A_2) \tag{2-12}$$

式（2-12）只有两项表示 $P(B)$，原因何在？因为夫妻俩只有一儿一女。

（3）请读者思考，设在等式（2-12）中，用 B 代表拿到蛋糕的事件，A_1 和 A_2 分别代表拿到儿子和女儿礼品的事件，下列各项的实际含义为何？如果思考好了，则看下文，是否与大家的想法吻合。

① $P(B)$ 代表从礼品中拿到蛋糕的概率；

② $P(A_1)$ 代表从礼品中拿到儿子的礼品的概率；

③ $P(A_2)$ 代表从礼品中拿到女儿的礼品的概率；

④ $P(B|A_1)$ 代表从礼品中拿到儿子的礼品的前提下又是蛋糕的概率；

⑤ $P(B|A_2)$ 代表从礼品中拿到女儿的礼品的前提下又是蛋糕的概率。

希望以上说明与大家的想法吻合。果如是，则请大家写下以上概率在此例中的具体数字等于多少。写好之后，请同下文比较，看是否一致。

（4）现将上述概率公示如下：

$$P(B)=\frac{6+8}{18+20}=\frac{7}{19} \tag{2-13}$$

$$P(A_1)=\frac{18}{20+18}=\frac{9}{19} \tag{2-14}$$

$$P(A_2)=\frac{20}{20+18}=\frac{10}{19} \tag{2-15}$$

$$P(B|A_1)=\frac{6}{18}=\frac{3}{9} \tag{2-16}$$

$$P(B|A_2)=\frac{8}{20}=\frac{4}{10} \tag{2-17}$$

上列结果想来同大家写的完全一样，看完之后，不知还有什么见解？已有读者高声道，当然还有：

$$\begin{aligned}P(B)&=P(B|A_1)P(A_1)+P(B|A_2)P(A_2)\\&=\frac{3}{9}\times\frac{9}{19}+\frac{4}{10}\times\frac{10}{19}=\frac{7}{19}\end{aligned} \tag{2-18}$$

这是全概率公式。

$$P(A_1)+P(A_2)=\frac{9}{19}+\frac{10}{19}=1 \tag{2-19}$$

式（2-19）的含义盼读者注意，如果加起来不等于1的话，则必然计算有误。对这些地方留意，将少犯笔误。

以上所述，全是前期的准备工作，目的是解决问题。

第一，概率 $P(A_1|B)$ 的表达式，即拿到了蛋糕（由 B 表示）的前提下是儿

子（由A_1表示）送的蛋糕的表达式。

第二，概率$P(A_2|B)$的表达式，即拿到了蛋糕的前提下是女儿（由A_2表示）送的蛋糕的表达式。

其实，以给定条件可知

$$P(A_1|B)=\frac{6}{8+6}=\frac{3}{7} \tag{2-20}$$

$$P(A_2|B)=\frac{8}{8+6}=\frac{4}{7} \tag{2-21}$$

上述两式实则就是前面提起过的等式（2-9）和等式（2-10），现在分别赋予了概率$P(A_1|B)$和$P(A_2|B)$的含义，请读者详察。

不言而喻，第一个问题$P(A_1|B)$的表达式有了，$P(A_2|B)$的问题自然迎刃而解。因此，先讨论$P(A_1|B)$，并分述如下。

（5）从等式（2-9）已知

① $$P(A_1|B)=\frac{6}{8+6}=\frac{\frac{6}{38}}{\frac{8}{38}+\frac{6}{38}} \tag{2-22}$$

② 上式右边实际上蕴含着4个概率，分别是

$$\frac{8}{38}=\frac{8}{20}\times\frac{20}{38}=P(B|A_2)P(A_2) \tag{2-23}$$

$$\frac{6}{38}=\frac{6}{18}\times\frac{18}{38}=P(B|A_1)P(A_1) \tag{2-24}$$

③ 结合上列3个等式，则得

$$P(A_1|B)=\frac{P(B|A_1)P(A_1)}{P(B|A_1)P(A_1)+P(B|A_2)P(A_2)} \tag{2-25}$$

同理可知

$$P(A_2|B)=\frac{P(B|A_2)P(A_2)}{P(B|A_1)P(A_1)+P(B|A_2)P(A_2)} \tag{2-26}$$

上列两式统称为贝叶斯公式，就本例而言，其实则为拿到蛋糕后，究竟蛋糕是儿子抑或女儿送的，其概率的表达式。

写到这里，介绍了全概率公式和贝叶斯公式，有些想法，同大家研究：

（1）见到精品时，请想起儿子和女儿，是他们送的，数学化之后就是全概率的公式。

（2）吃到蛋糕时，请想一想，是儿子还是女儿送的，数学化之后就是贝叶斯公式。

（3）上述两个公式富有理论价值，可谓工程问题数学化的代表。但实用价值不高，不如直接使用等式（2-13）、（2-20）和（2-21）方便。

例2.10 某地有3家工厂A_1，A_2和A_3，生产高精尖产品。A_1生产了100件，其中30件为优等品；A_2生产了80件，其中20件为优等品；A_3生产了120件，其中40件为优等品。现在抽样检查，记抽到优等品事件为B。

（1）试求从上述3家工厂所生产的全部产品中任取1件，其为优等品的概率$P(B)$以及概率$P(B|A_1)$，$P(B|A_2)$和$P(B|A_3)$，并据此验证全概率公式。

（2）计算概率$P(A_1|B)$，$P(A_2|B)$和$P(A_3|B)$，并说明其实际意义，并据此演绎出前述的贝叶斯公式。

上述两项请有时间的读者自己完成，以加强对两项重要公式的理解，进而再同我们一齐来讨论另外一项令初学者望而却步但又必须攻克的课题。

2.2 大数定律

大数定律顾名思义，不研究单一或少量的随机事件，而是庞量随机事件所遵循的规律，即随机变量随数量巨增所遵循的规律。

例2.11 抛掷硬币的试验已经耳熟能详。现在我们只关心连抛3次硬币正面朝上的总次数而不问其出现的顺序。若以H和T分别表示硬币的正反面，X表示3次抛掷后H出现的次数，则对于样本空间$\Omega=\{\omega\}$中的每一个样本ω，X都有值与之相应，如表2-2所示。

表2-2

样本点	HHH	HHT	HTH	THH	THT	HTT	TTH	TTT
X	3	2	2	2	1	1	1	0

由此可见，对于任何试验，总能引入一个变量X，以其取值来刻画试验的结果。据此，出现了如下定义。

定义2.1 设Ω为随机事件的样本空间，定义其上的实单值函数

$$X=X(\omega),\ \omega\in\Omega \tag{2-27}$$

为随机变量，习惯用大写英文字母X，Y，Z等表示，取值用小写字母表示。

例如，上例中的X就是个随机变量，因为出现硬币正面向上的次数是随机的，也是变化的。引入随机变量后，随机事件便可用数表示，如“出现正面的次数为1”可用$X=1$表示，次数不小于1可用$X\geqslant 2$表示。

随机变量总与其概率相伴，如上例，有

$$P(X=0)=\frac{1}{8},\ P(X=1)=\frac{3}{8},\ P(X=2)=\frac{3}{8},\ P(X=3)=\frac{1}{8}$$

看过这些数据，似乎有点启示：

（1）抛掷硬币所生成的随机变量X，其概率有规律性。

（2）现在研讨的题目是大数定律，上例只抛掷了3次，不难想到，如果我们把抛掷的次数不断增加，直到无穷大，则说不定会有所发现。

话已到嘴边，但仍愿把机会留给幸运的读者，找枚硬币，废寝忘食地不断抛掷下去，并将得到的数据加以总结，特别是抛掷次数n与硬币正面（或反面）朝上的次数m两者的比，记为P，即

$$P=\frac{m}{n} \tag{2-28}$$

的变化趋势。

人们常说，理论联系实际，此言不虚，用在此处，则宜将P的变化趋势同背景联系起来。例如，将表2–2画成曲线，如图2–2所示。

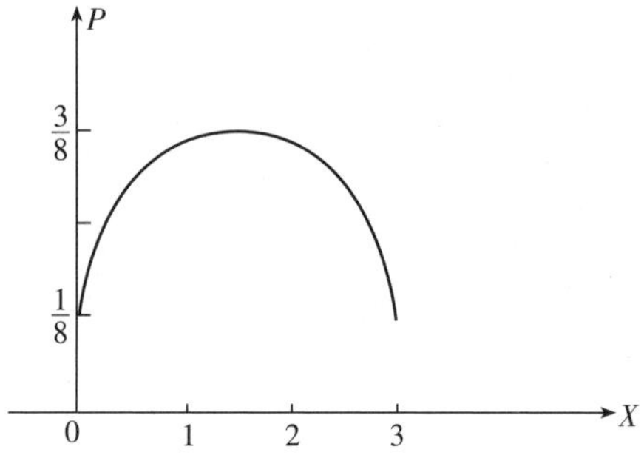

图2–2

看了图2–2之后，产生了想法，当然好。否则可再将抛掷4次的硬币正面朝上或反面朝上的比值P的变化趋势画成曲线，如图2–3所示。

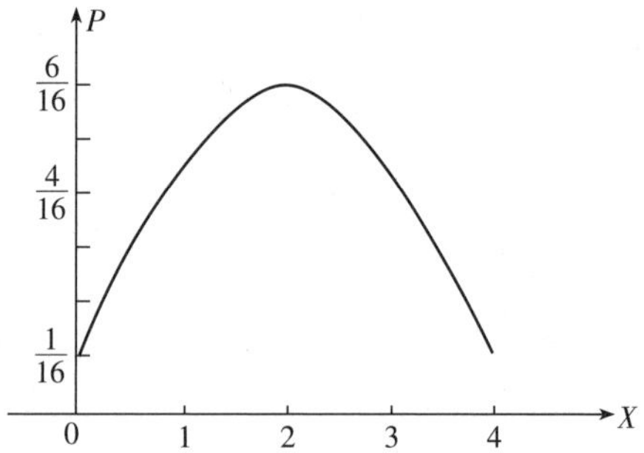

图2–3

这时，首先应详究：

（1）两条曲线都是凸的，且左右对称。

（2）图2-2和图2-3的最大值分别在 $X=1.5$ 和 $X=2$ 处。

（3）抛掷硬币3次，X 的最大值是1.5，抛掷4次是2，且都满足

$$P=\frac{1.5}{3}=\frac{2}{4}=\frac{1}{2} \tag{2-29}$$

看到这里，希望大家能受到触动，奇思妙想，因而创新。否则，让我们再来回忆一则妇孺皆知的新闻。

据报载，2020年中国人平均寿命（岁）为

$$\begin{cases}\text{男性：73.64}\\ \text{女性：79.43}\end{cases} \tag{2-30}$$

需要强调，这是约14亿人寿命的平均值，而14亿可谓名副其实的大数！从这种意义上来讲，式（2-30）可谓关于中国人平均寿命的大数法则或大数定律。

听完这段新闻，一位读者举手说，我知道了，等式（2-29）其实就是大数定律的雏形，准确地说，当 $n\to\infty$ 时，从该式与式（2-28）可知

$$\left.\frac{m}{n}\right|_{n\to\infty}=P\to\frac{1}{2} \tag{2-31}$$

这就应该是由抛掷硬币归纳出来的大数定律。

《辞海》（第六版）：亦称“大数定律”。概率论中随机变量序列的算术平均向常数收敛的一类定理的总称。例如，在掷钱币的游戏中，每次出现正面或反面的机会虽是偶然的，但在大量重复时，出现正面的次数与总次数之比却必然接近于确定的数 $\frac{1}{2}$。这是历史上最早发现的大数法则之一。

《数学大辞典》：伯努利场合的大数定律。设 μ_n 为 n 重伯努利试验中成功次数，则当 $n\to\infty$ 时有

$$\frac{\mu_n}{n}=\xrightarrow{P}p_0 \tag{2-32}$$

它是“频率是以概率为其稳定值”的严格数学刻画。

需要说明，请把等式（2-32）同式（2-31）两相对比就明白了，否则有点费解：

$$\frac{\mu_n}{n}\leftrightarrow\frac{m}{n};\quad \xrightarrow{P}\leftrightarrow=P;\quad p_0\leftrightarrow\frac{1}{2}$$

此外，所谓伯努利试验体现相同的试验不断重复的意义。例如，不断地抛掷硬币、抛掷骰子。

话到此处，关于大数定律的主要含义就算交代了。下文将进行一些定量的探讨。

2.2.1 切比雪夫不等式

大数定律一些相关定理比较隐晦，学习之前，宜于有点直观认识，看些例子。

有两组人，每组5人，各自的身高如表2–3所示，两组平均身高 $\bar{X}$ 都是1.80米。

表2–3 单位：米

第一组：h	1.78	1.79	1.80	1.81	1.82
第二组：h	1.70	1.75	1.80	1.85	1.90

据表2–3所示，不难算出各组的方差 $D_1(X)$ 和 $D_2(X)$：

第一组为

$$D_1(X)=\sum_1^5 E\left(h_i-\bar{X}\right)P\left(h_i\right)=\frac{1}{5}\left[(1.78-1.80)^2+(1.79-1.80)^2+\right.$$

$$\left.(1.80-1.80)^2+(1.81-1.80)^2+(1.82-1.80)^2\right]=2\times10^{-4}$$

第二组为

$$D_2(X)=\sum_1^5 E\left(h_i-\bar{X}\right)P\left(h_i\right)=\frac{1}{5}\left[(1.70-1.80)^2+(1.75-1.80)^2+\right.$$

$$\left.(1.80-1.80)^2+(1.85-1.80)^2+(1.90-1.80)^2\right]=50\times10^{-4}$$

式中，$h_i(i=1，2，\cdots，5)$ 代表上列各人依次的身高。

请考虑一下，第二组的方差 $D_2(X)$ 比第一组的 $D_1(X)$ 整整大了24倍，是何含义？为弄清真相，特将两组人员的身高分布律绘制出来，如图2–4所示，其中横坐标表示身高，纵坐标表示概率。显然可见，图2–4（b）中个人身高偏离平均身高1.80米的程度远大于图2–4（a）中个人身高偏离平均身高1.80米的程度，这就是方差的实际意义。

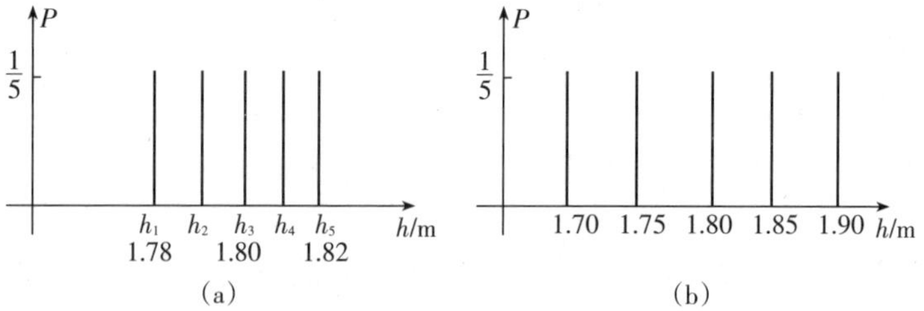

图2–4

知晓了方差，再比较图2–4（a）和（b）就会发现：随机向量 X 偏离平均值 $\bar{X}$ 某一定数 ε 的概率 $P\left(\left|X-\bar{X}\right|\geqslant\varepsilon\right)$ 同两个数有关，猜猜看，是哪两个数？实

话实说，现在一共除 X 外只知道两个数 $D(X)$ 和 ε。此外，显然可见概率 $P(|X-\bar{X}|\geqslant\varepsilon)$ 本身也是衡量 X 相对于 $\bar{X}$ 的偏离程度的，与方差异曲同工，且相互成正比。为核实此一推断，从图2–4（a）直接可得

$$P(|X-1.80|\geqslant 0.03)=0，P(|X-1.80|\geqslant 0.02)=\frac{2}{5}$$

从图2–4（b）可得

$$P(|X-1.80|\geqslant 0.04)=\frac{4}{5}，P(|X-1.80|\geqslant 0.06)=\frac{2}{5}$$

再有，从上列结果可知，所论概率同 ε 成反比。

综上所述，不妨猜想

$$P(|X-\bar{X}|\geqslant\varepsilon)\leqslant\frac{D(X)}{\varepsilon^2} \tag{2-33}$$

需要说明，式（2–33）的结论完全与直观相符，盼读者思之。本书引用实例，主要是为初学者铺平道路。实际上证明也不难。

定理 2.1 设随机变量 X 的数学期望为 μ，方差为 $D(X)$，则对于任意的正数 ε，都成立如下的不等式：

$$P(|X-\mu|\geqslant\varepsilon)\leqslant\frac{D(X)}{\varepsilon^2}$$

并称为切比雪夫不等式。

证明 设随机变量 X 为连续型，平均值为 μ，则按给定条件有

$$P(|X-\mu|\geqslant\varepsilon)=\int_{|X-\mu|\geqslant\varepsilon}f(x)\mathrm{d}x$$

由于 $|X-\mu|\geqslant\varepsilon$，从上式可知

$$P(X-\mu\geqslant\varepsilon)\leqslant\int_{X-\mu\geqslant\varepsilon}\frac{(X-\mu)^2}{\varepsilon^2}f(x)\mathrm{d}x\leqslant\int_{-\infty}^{\infty}\frac{(X-\mu)^2}{\varepsilon^2}f(x)\mathrm{d}x$$

$$\leqslant\frac{1}{\varepsilon^2}\int_{-\infty}^{\infty}(X-\mu)^2f(x)\mathrm{d}x=\frac{D(X)}{\varepsilon^2}$$

据此，又得切比雪夫不等式的另一表达式

$$P(|X-\mu|<\varepsilon)=1-P(|X-\mu|\geqslant\varepsilon)=1-\frac{D(X)}{\varepsilon^2} \tag{2-34}$$

上述不等式表示的就是大数定律，为便于识其真面，让我们大家一齐动手，剥去它的层层包装。

例 2.12 存在随机变量 X，其分布律为

X	3	2	1	0
P	$\frac{1}{8}$	$\frac{3}{8}$	$\frac{3}{8}$	$\frac{1}{8}$

平均值 μ 为 $\frac{3}{2}$，试求概率

$$P\left(|X-\mu|\leqslant\frac{1}{4}\right)$$

解 显然，为满足条件，X 的取值必须位于区间

$$\left[\mu-\frac{1}{4},\mu+\frac{1}{4}\right]=\left[\frac{5}{4},\frac{7}{4}\right]$$

但查遍分布律，无一满足条件。因此，答案是

$$P(|X-\mu|)\leqslant\frac{1}{4}=0 \tag{2-35}$$

例 2.13 设有3个独立的随机变量 X_1，X_2，X_3。其分布律如下表所示：

X_i	1	0
P_i	$\frac{1}{2}$	$\frac{1}{2}$

，$i=1$，2，3

其平均值 $\bar{X}_i$（$i=1$，2，3）都等于 $\frac{1}{2}$。试求概率

$$P\left(\left|\frac{1}{3}\left(\sum_1^3 X_i-\sum_1^3\bar{X}_i\right)\right|\leqslant\frac{1}{4}\right)$$

的值。

解 所论3个随机变量其分布律完全一样，原型都是：抛掷硬币正面朝上取值为1，反面取值为0的随机事件。显然，它们相互独立，因此 $\sum_1^3 X_i$ 和 $\frac{1}{3}\sum_1^3 X_i$ 的分布律为

$\sum_1^3 X_i$	3	2	1	0
$\frac{1}{3}\sum_1^3 X_i$	1	$\frac{2}{3}$	$\frac{1}{3}$	0
P_i	$\frac{1}{8}$	$\frac{3}{8}$	$\frac{3}{8}$	$\frac{1}{8}$

从分布律可知

$$\frac{1}{3}\sum_1^3 X_i=\frac{1}{8}\times1+\frac{3}{8}\times\frac{2}{3}+\frac{3}{8}\times\frac{1}{3}+\frac{1}{8}\times0=\frac{1}{2}$$

此外，为满足条件，X 的取值必须位于区间

$$\left[\frac{1}{3}\sum_1^3\bar{X}_i-\frac{1}{4},\ \frac{1}{3}\sum_1^3\bar{X}_i+\frac{1}{4}\right]=\left[\frac{1}{4},\ \frac{3}{4}\right]$$

细看分布律，喜见随机变量之和有两项取值为 $\frac{2}{3}$ 和 $\frac{1}{3}$ 时符合要求，其概率都

是 $\frac{3}{8}$，据此得

$$P\left(\left|\frac{1}{3}\sum_{1}^{3}X_i-\frac{1}{3}\sum_{1}^{3}\bar{X}_i\right|\leqslant\frac{1}{4}\right)=\frac{3}{8}+\frac{3}{8}=\frac{3}{4} \tag{2-36}$$

以上两个答案（2–35）和（2–36），一个等于0，一个等于 $\frac{3}{4}$，对比之下，不禁有话要说。

（1）例2.12和例2.13的原型完全一样，区别在于：例2.12视3个随机变量之和为一个整体；例2.13视3个随机变量独立，取其和而平均，千万注意，这是本质的区别！

（2）区别的后果清晰可见，分布律上取均值的随机变量第二行，相比取均值的第一行，显然更密集于平均值周围。为具体起见，来看两者各自的方差 $D_1(X)$ 和 $D_2(X)$：

$$D_1(X)=E(X-\bar{X})^2=\frac{1}{8}\times\left(3-\frac{3}{2}\right)^2+\frac{3}{8}\times\left(2-\frac{3}{2}\right)^2+\frac{3}{8}\times\left(1-\frac{3}{2}\right)^2+\frac{1}{8}\times\left(0-\frac{3}{2}\right)^2=\frac{3}{4}$$

$$\begin{aligned}D_2(X)&=E\left(\frac{1}{3}\sum_{1}^{3}X_i-\frac{1}{3}\sum_{1}^{3}\bar{X}_i\right)^2\\&=\frac{1}{8}\times\left(1-\frac{1}{2}\right)^2+\frac{3}{8}\times\left(\frac{2}{3}-\frac{1}{2}\right)^2+\frac{3}{8}\times\left(\frac{1}{3}-\frac{1}{2}\right)^2+\frac{1}{8}\times\left(0-\frac{1}{2}\right)^2=\frac{1}{12}\end{aligned}$$

其实，从上面的计算过程极易看出：

$$D_2(X)=\left(\frac{1}{3}\right)^2E\left(\sum_{1}^{3}X_i-\sum_{1}^{3}\bar{X}_i\right)^2=\frac{1}{9}E(X-\bar{X})^2=\frac{1}{9}D_1(X)$$

上式含义深远，仅3个独立随机变量取均值就能将方差减低至不取均值时的 $\left(\frac{1}{3}\right)^2$。试设想，将3个增至4个、5个，再大胆地想，增到 n 个，让 $n\to\infty$，那会是什么结果？大数定律由此诞生。

大数定律形式多样，但本质不变，现在请再看一个例子。

例2.14　重复6次抛掷硬币的试验，设每次正面或反面朝上的概率都是 $\frac{1}{2}$，记相应的随机变量为 $x_i(i=1，2，\cdots，6)$。试写出随机变量

$$\sum_{1}^{6}X_i \text{ 和 } \frac{1}{6}\sum_{1}^{6}X_i$$

的分布律和方差。

解　这是典型的二项分布，其各自的分布律如下：

$\sum_{1}^{6} X_i$	6	5	4	3	2	1	0
p_i	$\frac{1}{64}$	$\frac{6}{64}$	$\frac{15}{64}$	$\frac{20}{64}$	$\frac{15}{64}$	$\frac{6}{64}$	$\frac{1}{64}$
$\frac{1}{6}\sum_{1}^{6} X_i$	1	$\frac{5}{6}$	$\frac{4}{6}$	$\frac{3}{6}$	$\frac{2}{6}$	$\frac{1}{6}$	0
p_i	$\frac{1}{64}$	$\frac{6}{64}$	$\frac{15}{64}$	$\frac{20}{64}$	$\frac{15}{64}$	$\frac{6}{64}$	$\frac{1}{64}$

一看上表，易知两随机变量的均值分别是3和$\frac{1}{3}$，据此不难算出其各自的方差为

$$D\left(\sum_{1}^{6} X_i\right) = E\left(\sum_{1}^{6} X_i - 3\right)^2$$
$$= \frac{1}{64}\left[(6-3)^2 + 6\times(5-3)^2 + 15\times(4-3)^2 + 15\times(2-3)^2 + 6\times(1-3)^2 + (0-3)^2\right]$$
$$= \frac{3}{2}$$

$$D\left(\frac{1}{6}\sum_{1}^{6} X_i\right) = \frac{1}{6^2} D\left(\sum_{1}^{6} X_i\right) = \frac{3}{72}$$

看完上列结果，又要旧话重提，为书写方便，以下简记

$$\sum_{1}^{6} X_i = X_A\text{，}\quad \frac{1}{6}\sum_{1}^{6} X_i = X_B$$

并说明如下：

（1）从分布律上可见，X_A偏离平均值3的程度远大于X_B，最大为

$$6-3=3,\quad |0-3|=3$$

而X_B最大仅为

$$1-\frac{1}{2}=\frac{1}{2},\quad \left|0-\frac{1}{2}\right|=\frac{1}{2}$$

结果就是X_B的方差仅为X_A的$\frac{1}{36}$。

（2）再思量一下，例2.14仅有6个随机变量，取均值后，方差就降为$\frac{1}{6^2}$，若将6个增至100个，乃至无穷大，结果会怎样？取均值后的方差降为$\frac{1}{100^2}$，直到趋近于0！这就是说，取均值后的随机变量将趋近于其平均，数学化后便成了声名赫赫的大数定律。为加深理解，请再复习一遍等式（2-31）

$$\left.\frac{m}{n}\right|_{n\to\infty} = P \to \frac{1}{2} \tag{2-37}$$

的来龙去脉。

（3）再有，另一现象也应强调，当n增大时，极端事件即偏离平均值较大的事件，其出现的概率急速下滑。在此例中，出现6或0的概率为$\frac{1}{2^6}$。若将6增为20，则随机变量取值20的极端事件出现的概率为

$$\frac{1}{2^{20}} \approx \frac{1}{1.049\times 10^6}$$

已经是微小概率事件了。

大数定律之所以成立或有其他的解说，希望读者能提出自己的创见，因为它是概率论中的重要组成部分，深刻提示了大数量随机现象具有的均值稳定性，且存在完整的数学表述。

下文即将研讨另一重要理论——中心极限定理。有关大数定律，再作两点补充，供读者参考。

（1）务希对抛掷硬币引申而得的等式（2-31）多多注意，它是大数定律的中心思想之一，借助它对理解其余相关问题大有裨益。

（2）对一些不等式，如切比雪夫不等式，不必死背硬记！为此，我的老师曾给他的学生留了一道思考题，如下所言。

某幼儿园，老师每天都要给每个孩子发一个苹果，下面有两堆苹果，如图2-5所示，图中横坐标代表苹果的重量，以两计。

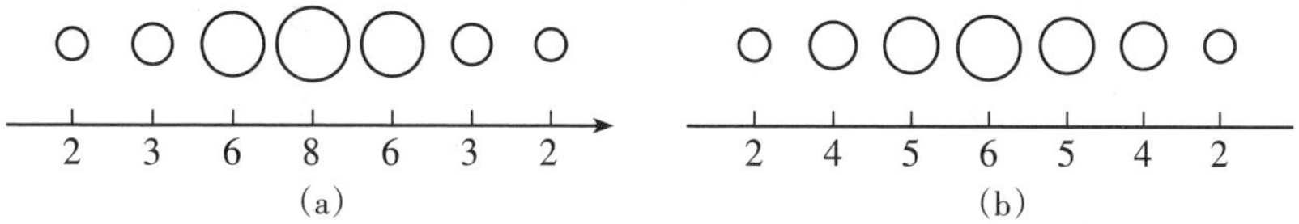

图2-5

老师在分发苹果时，如从图2-5（a）中随意拿，总希望苹果是4两，如从图2-5（b）中随意拿，也希望是4两，试分别计算从（a）中和（b）中随意拿一个苹果x的概率

$$P_{\mathrm{a}}(|x-4|\geqslant 2)，\quad P_{\mathrm{b}}(|x-4|\geqslant 2)$$

并参见切比雪夫不等式，说明上列概率与方差和2的关系，即$D(x)$与ε的关系。

2.2.2　伯努利大数定律

在重复n次的独立试验中，设事件S出现的概率为p，次数为S_n，则

$$\lim P\left(\left|\frac{S_n}{n}-p\right|<\varepsilon\right)=1 \tag{2-38}$$

以及

$$\lim P\left(\left|\frac{S_n}{n}-p\right|\geqslant\varepsilon\right)=0 \tag{2-39}$$

式（2-38）和式（2-39）统称为伯努利大数定律。

需要说明，建议读者复习一下等式（2-31）的来龙去脉，这对于理解上列等式的实际含义大有益处。

有关大数定律的讨论就此画上句号，其“孪生兄弟”就此现身。

2.3 中心极限定理

随机变量好似一座座的单层楼房，当这些各式各样的单层楼房逐一叠加拔地而起，直达云霄的时候，有人从侧面看见了大数定律，有人从另一侧面看见了中心极限定理，即趋近于统一规律的稳定性。

什么是统一规律？要回答这个问题，先得做点准备，看我们知道什么。

（1）以前学过二项式展开式

$$(a+b)^n=a^n+C_n^1a^{n-1}b+\cdots+C_n^ia^{n-i}b^i+\cdots+b^n \tag{2-40}$$

特请大家注意，当n越来越大时，式中系数的变化趋势。为利于思考，现将$n=6$时展开式中的系数绘制成图，如图2-6所示。从图2-6并据大数定律，不难推知，当n趋大时，图形将趋于陡峭，如图2-6（b）所示。

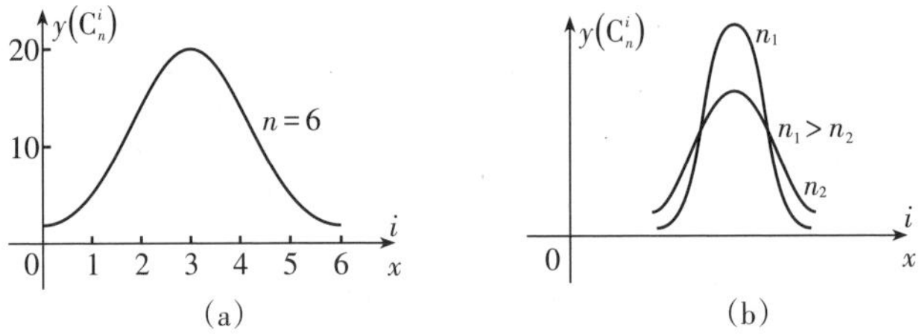

图2-6

需要说明，以上所述其实际背景是：随机变量，比如抛掷硬币，正面朝上取1，反面朝上取0，叠加，从n=6并逐渐增加的情况。

（2）刚讲了抛掷硬币，现在来谈投掷骰子，连掷两次，其结果可表示为如下的展开式：

$$(1+2+3+4+5+6)^2=1^2+2^2+3^2+4^2+5^2+6^2+2\times(1\times2+1\times3+1\times4+1\times5+1\times6+2\times3+2\times4+2\times5+2\times6+3\times4+3\times5+3\times6+4\times5+4\times6+5\times6) \tag{2-41}$$

将式（2-41）写出来，目的是想说明两点：若把6项式的次数变为任何整数n，则其展开式各项的系数依然可用组合$C^n_{m_1m_2\cdots m_i}$表示，且此结论适用于无论多少项的展开式，如能做一枚面数不受约束的骰子，则一般的离散型随机变量全可由抛掷骰子出现的点数及其取值的概率予以描述。

综上所述，可以断言：离散型随机变量（独立的）之和，其取值的概率主要取决于组合 C_n^m，式中n表示变量的数目，m视具体情况而定。

（3）现在来谈射击，射中n环，其概率取决于射手的本事，是个离散型随机变量。试设想，把靶上的10环改变为100环，并一直缩小环间的间距，使之趋近于零，则与之相应的随机变量自然也由离散型趋于连续型。

由此看来，任何随机变量，或者本身就是离散型，或者可视为离散型的极限形式，而离散型的随机变量总可归之为因投掷硬币或骰子这类随机事件所致，而其概率分布已如前所述取决于组合 C_n^m。因此，要探求独立随机变量之和当其无限趋大时的概率分布，就得首先求出组合 C_n^m 当n无限趋大时的极限表示。

2.3.1 斯特林公式

组合涉及阶乘$n!$。在发明计算机之前，当n较大时阶乘的计算十分困难，后来出现了近似式

$$n! \approx \sqrt{2\pi n}\, n^n e^{-n} \tag{2-42}$$

称为斯特林公式。此后，阶乘的计算大为简化，而我们要强调的是，公式中将阶乘$n!$同指数函数e^{-n}相关联，就向中心极限定理迈出了一大步。可是，其证明困难，本书不拟引述，只能进行概念上的阐释。

下面所列是一组随机变量的分布律：

$\frac{1}{6}\sum_1^6 X_i$	1	$\frac{5}{6}$	$\frac{4}{6}$	$\frac{3}{6}$	$\frac{2}{6}$	$\frac{1}{6}$	0
标准化	2.450	1.630	0.816	0	−0.816	−1.630	−2.450
p_i	$\frac{1}{64}$	$\frac{6}{64}$	$\frac{15}{64}$	$\frac{20}{64}$	$\frac{15}{64}$	$\frac{6}{64}$	$\frac{1}{64}$

其原型是6个具有二项分布

$$p = q = \frac{1}{2} \tag{2-43}$$

的随机变量之和。中心极限定理证实，数量越大，二项分布X_i之和越趋近于正态分布。此分布经标准化后，即数学期望标准化为0，方差为1，其概率密度

$$f(x) = \frac{1}{\sqrt{2\pi}} e^{-\frac{x^2}{2}} \quad (-\infty < x < \infty) \tag{2-44}$$

下面我们将把标准化后的随机向量$\sum_1^6 X_i$简记为X_6，见上面的分布律，同

标准正态分布$f(x)$［式（2-44）］两相对比，验视其近似程度，有如下表：

x	X_6	$f(x)$
0	$\frac{20}{64}=0.3125$	$\frac{1}{\sqrt{2\pi}}\approx 0.4$
0.816	$\frac{15}{64}\approx 0.2344$	$\frac{1}{\sqrt{2\pi}}e^{-\frac{0.816^2}{2}}\approx 0.287$
1.630	$\frac{6}{64}\approx 0.0938$	$\frac{1}{\sqrt{2\pi}}e^{-\frac{1.63^2}{2}}\approx 0.107$
2.450	$\frac{1}{64}\approx 0.0156$	$\frac{1}{\sqrt{2\pi}}e^{-\frac{2.45^2}{2}}\approx 0.0199$

将上表制图，如图2-7所示，实线代表正态分布$f(x)$，虚线代表随机变量X_6，两者形状相同，且比较贴近，这还是$n=6$的情况！不难预知，当$n\to\infty$时，将有重要的发现。

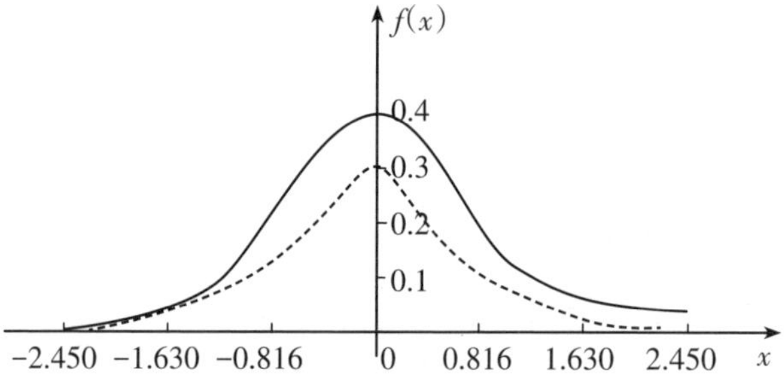

图2-7

2.3.2 棣莫弗－拉普拉斯定理

设随机变量$X_i(i=1, 2, \cdots)$服从二项分布，则其和$\sum_{1}^{n}X_i$标准化后，当n趋于无穷时，收敛于标准正态分布，其概率密度

$$f(x)=\frac{1}{\sqrt{2\pi}}e^{-\frac{x^2}{2}}, -\infty<x<\infty$$

分布函数

$$F(x)=\frac{1}{\sqrt{2\pi}}\int_{-\infty}^{\infty}e^{-\frac{x^2}{2}}dx$$

以上结论称为棣莫弗－拉普拉斯定理。

中心极限定理形式多样，不拟逐一引述。原因在于，其实质大同小异，对于工科读者而言，其证明也生涩难明。此话是否正确，看完下文后，请读者自

行评定。

中心极限定理之所以自立门户，源于各自处理的是不同型的随机变量。但是一般而论，可以认为，离散型随机变量几乎均能由二项分布叠加而成。因此，二式分布随机变量之和有了如上所述的定理，其余自宜从轻看待。

中心极限定理揭示了随机变量之和的极限形式的分布定律——正态分布，大数定律揭示了其极限形式的取值规律——趋近均值。不难窥知，两者实为天生一对，分布与取值如影随形，互有彼此。

现在放松一下，请大家去数学百花园概率广场增长点见识。广场中心放置一偌大的光洁圆盘，凡进场观众都免费领取一枚带有黏性的硬币，并邀请观众从各个方向朝圆盘中心投掷硬币，且盼日后再来欣赏自己的作品。

读者如有兴趣，不妨猜猜看，日后将会看到什么？有人说，是宝塔形；有人说，是圆锥形；中心极限定理说，投掷一枚硬币就产生一个随机变量，大数量的随机变量，其和的极限形式是正态分布，大家看到的是钟形，其沿中心的切面的包线就是一条正态分布曲线，如图2-7所示。

2.4 习题

1. 已知随机变量X的分布律为

X	1	2	3
P	$\frac{1}{4}$	$\frac{1}{2}$	$\frac{1}{4}$

试求X的分布函数。

2. 某厂生产的元件合格率为0.99，现从大批的元件中随机抽取5件，试求：

（1）有4件合格品的概率；

（2）至少有4件合格品的概率。

3. 从1，2，3，4，5这5个数字中随机选取3个，以X表示其中的最大数字，试求X的分布律。

4. 设随机变量X在区间（0，10）内服从均匀分布，试求在其4次取值x_i（$i=1$，2，3，4）中至少有3次大于5的概率。建议用两种方法求解，借助概率密度，再用二项分布验证。

5. 同第4题，将其值大于5改成大于6的概率。

6. 已知随机变量X的概率密度为

$$f(x)=\begin{cases}cx, 0\leqslant x<1\\0, \quad 其他\end{cases}$$

试求：（1）常数c；（2）$P(X\leqslant 0.5)$。

7. 已知随机变量X的概率分布为

$$P(X=i)=\frac{1}{2}，i=1，2，\cdots$$

试求$E(X)$和$D(X)$。

8. 一人射中目标的概率为P，连续射击，直至打中为止，问需要几粒子弹？这类问题便催生了如下的随机变量X，其概率分布为

$$P(X=i)=pq^{i-1}，q=1-p；i=1，2，\cdots$$

即所谓的几何分布。

（1）试证明$\sum_{1}^{\infty}P(X=i)=1$；

（2）试求$E(X)$；

（3）试求$D(X)$。

9. 一人有5把钥匙，只有一把能打开大门，将开门的试开次数视作随机变量X，试求$E(X)$和$D(X)$。

（1）把不能开门的钥匙试用后随即丢开；

（2）不丢开。

10. 一电器设备同时收到20起噪声电压$V_i(i=1，2，\cdots，20)$，相互独立，且都在区间［0，10］上均匀分布，试求如下概率的近似值：

$$P\left(\sum_{1}^{20}V_i>105\right)$$

第3章 变 换

3.1 变换的含义

世间万物，千变万化，时光流逝，大江东去，这些是不可逆的变化，大钞换小钞，小米换大米，这些是可逆的变换，本书不谈变化，只谈变换。

其实，我们每时每刻都会遇到“变换”。为使用方便，常把百元大钞变换成一元小钞，数学化之后，则有

$$1(\text{百元}) = 100(\text{一元})$$
$$100(\text{一元}) = 1(\text{百元})$$

再有，一块土地呈正方形，已知其面积为100米^2，欲知其边长；反之，已知其边长为10米，欲知其面积。数学化之后，则有

$$\sqrt{100} = 10$$
$$10^2 = 100$$

以上两例实在平常。请看于17世纪初叶横空出世的对数，由苏格兰的纳皮尔创立，用现代符号表示，就是

$$\begin{aligned} \ln y &= x \\ e^x &= y \end{aligned} \tag{3-1}$$

称x为以e为底y的对数，y为x的真数。

在没有计算机的时代，上述对数变换将乘法变为加法，非常高效地减轻了当时及后期诸如天文、航海和商业诸多领域的繁重计算，功不可没，在数学史上留下了浓重的一笔。

综上所述，读者对所谓变换可能已经形成了概念。为加深理解，让我们再回想一下三维向量$\boldsymbol{a}$的分解式

$$\begin{cases} \boldsymbol{a} = a_1\boldsymbol{i} + a_2\boldsymbol{j} + a_3\boldsymbol{k} \\ a_1 = \boldsymbol{a}\cdot\boldsymbol{i},\ a_2 = \boldsymbol{a}\cdot\boldsymbol{j},\ a_3 = \boldsymbol{a}\cdot\boldsymbol{k} \end{cases} \tag{3-2}$$

式中，向量$\boldsymbol{a}$变换成了3个分量a_1，a_2，a_3；反之亦然。

为深入理解上述变换，需要说明：

（1）在三维空间中，习惯采用的坐标单位向量是$\boldsymbol{i}$，$\boldsymbol{j}$和$\boldsymbol{k}$，如图3-1所示，且相互垂直，即

$$\boldsymbol{i}\cdot\boldsymbol{j}=0,\ \boldsymbol{i}\cdot\boldsymbol{k}=0,\ \boldsymbol{j}\cdot\boldsymbol{k}=0$$

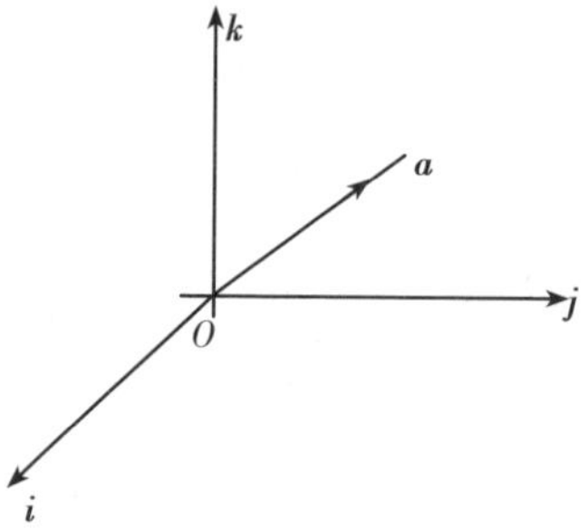

图3-1

（2）务请注意，从概念上讲，如遇到四维向量$\boldsymbol{a}$，也可参照等式（3-2）将其分解为

$$\boldsymbol{a}=a_1\boldsymbol{i}+a_2\boldsymbol{j}+a_3\boldsymbol{k}+a_4\boldsymbol{h}$$

且可定义$\boldsymbol{i}$，$\boldsymbol{j}$，$\boldsymbol{k}$和$\boldsymbol{h}$这4个坐标单位向量相互垂直。不言而喻，对于n维向量，$\boldsymbol{a}$也可照章处理，因为在数学理论里存在n维欧氏空间。

（3）在复数里，大家都知道欧拉公式

$$\mathrm{e}^{\mathrm{i}\theta}=\cos\theta+\mathrm{i}\sin\theta \tag{3-3}$$

这也是一种变换，是将复数的指数式变换为三角式，如图3-2所示。

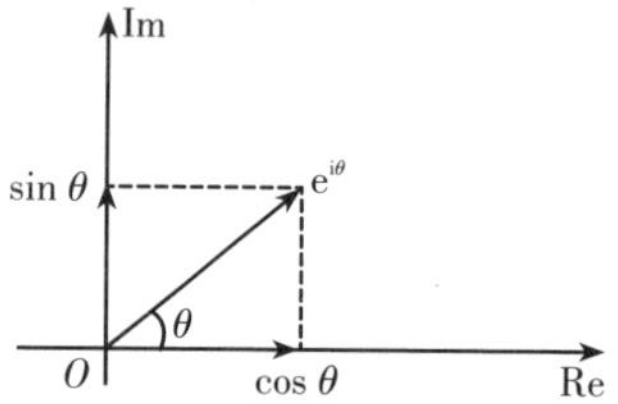

图3-2

上图中的平面称为复数平面，简称复平面，横轴称为实轴，竖轴称为虚轴。

在此处，建议大家认为，实轴的坐标单位向量就是$\cos\theta$，竖轴是$\sin\theta$，这对我们行将探讨的傅里叶级数很有益处。

3.2 傅里叶级数

上面对“变换”的含义已经作了充分的阐释，再明确地说：变换的目的一是想将复杂问题简单化；二是想将问题标准化。

例如，已经学过的泰勒级数

$$f(t)=\sum_{0}^{\infty}\frac{f^{(k)}(t_0)}{k!}(t-t_0)^k$$

$$=f(t_0)+f'(t_0)(t-t_0)+\frac{f''(t_0)}{2!}(t-t_0)^2+\cdots+\frac{f^{(k)}(t_0)}{k!}(t-t_0)^k+\cdots$$

把一个复杂的函数$f(t)$标准化为由幂函数t^k所组成的级数，两者兼而有之，十分完美，便是个很好的例子。

无独有偶，另一级数——傅里叶级数与之异曲同工，把一个复杂的周期函数$f(t)$标准化为由三角函数$\sin n\omega t$和$\cos n\omega t$所组成的级数

$$f(t)=\frac{a_0}{2}+\sum_{1}^{\infty}(a_n\cos n\omega t+b_n\sin n\omega t)$$

此级数的理论价值暂且不论，只要意识到，所有的波，不管是声波、光波、电波，都能用三角函数$\cos n\omega t$和$\sin n\omega t$来表述，便可窥知其在科技领域的应用是异常广泛的，这就是本书即将对其进一步讨论的原因。

3.2.1　概述

设有函数$y=x(t)$，其导数

$$\dot{x}(t)=f(t)$$

试求$x(t)$。这并不难，据上式直接可得

$$x(t)=\int f(t)\mathrm{d}t$$

即$\dot{x}(t)$的原函数。不言而喻，对不同的函数$f(t)$，将取不同积分，不仅费时，且多数积分是无法进行到底的。能否想点其他办法呢？

(1) 将上式中的函数$f(t)$展开成泰勒级数，则在任何情况下，至少能得到函数$x(t)$的泰勒级数表达式。

(2) 将函数展成傅里叶级数，则得到$x(t)$的傅里叶级数表达式。

(3) 试问，函数$x(t)$还有无其他表达方式？回想一下，在求函数的定积分时，是否见到过如图3–3所示的图形？

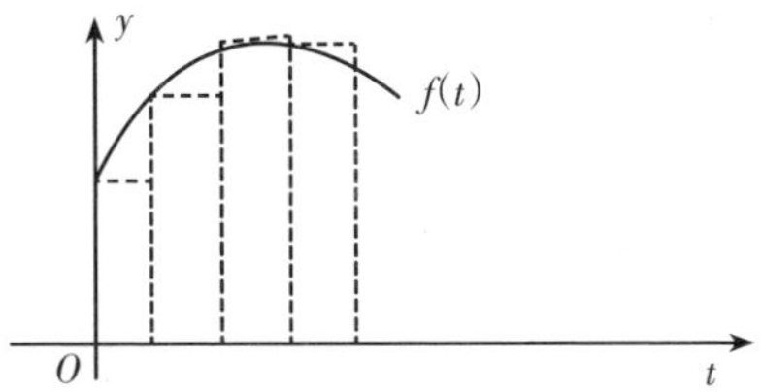

图3–3

从图上可见，函数已变换成一系列细长小矩形之和。这当然是近似的，详情在定积分中讲过，不再重复。可是，由此不难得到启示：函数 $x(t)$ 能变换为一系列小矩形之和，自然也能变换为其他小几何图形之和。

下面将函数变换为一系列小三角形之和，如图 3-4 所示。此外，还有无其他可能？读者不妨一试。如有兴趣，可就图 3-4 求函数 $f(t)$ 的定积分，这是个值得思考的练习。

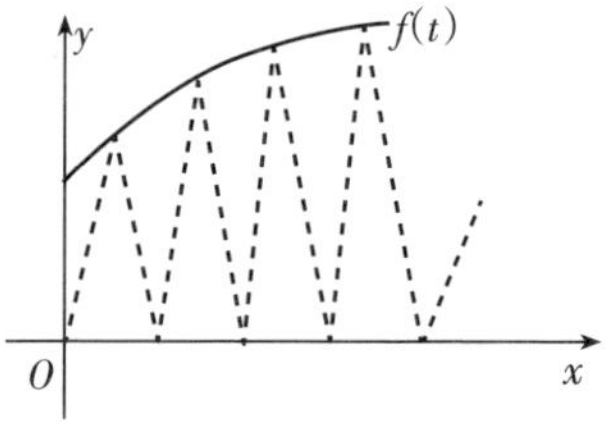

图 3-4

综上所述，很容易作出判断：函数 $f(t)$ 的表达方式可谓无穷无尽！究竟选用哪种，当然得视具体情况而定，但傅里叶级数应予以重视。

3.2.2　周期等于 2π

在中学读书时学过，$\sin t$ 和 $\cos t$ 都是周期等于 2π 的函数，$\sin nt$ 和 $\cos nt$ 都是周期等于 $\dfrac{2\pi}{n}$ 的函数，不过说它们的周期等于 2π 也不为过，正如图 3-5 所示。正弦函数是奇函数，而余弦函数是偶函数。此外，它们还具有一项重要的属性——相互正交。

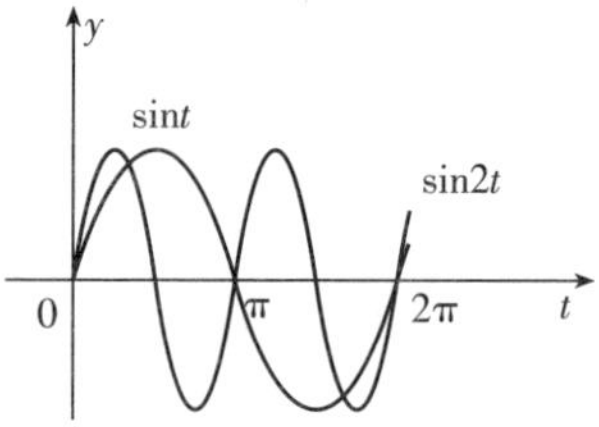

图 3-5

何谓正交？最初是指两条直线，若其间的夹角等于直角，则称两者相互垂直，也称相互正交。现时常用的坐标系，因坐标系相互垂直而称为正交坐标系，如图 3-6 所示。

$$i \cdot i = 1,\ i \cdot j = 0,\ i \cdot k = 0$$
$$j \cdot i = 0,\ j \cdot j = 1,\ j \cdot k = 0$$
$$k \cdot i = 0,\ k \cdot j = 0,\ k \cdot k = 1$$

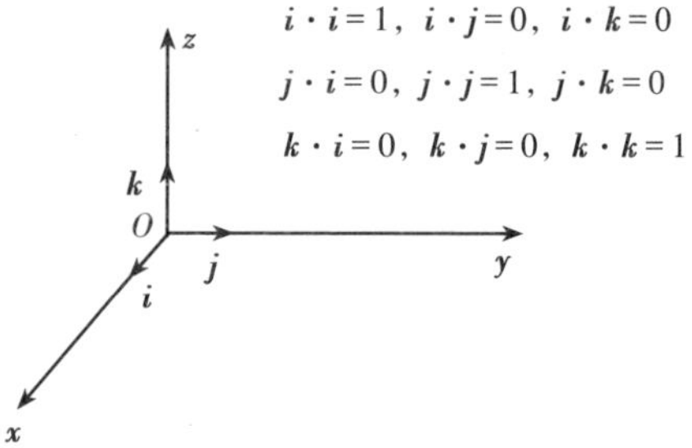

图 3-6

从图3–6可见，两个向量，如$\boldsymbol{i}$，$\boldsymbol{j}$或$\boldsymbol{k}$其间的夹角等于直角，即二者的数量积等于零，同样称为相互正交。至此，相互正交的概念被推广到函数。设有函数 $f(t)$ 和 $g(t)$，两者的乘积 $f(t)\cdot g(t)$ 在一特定区间［0，L］上的积分等于零，即

$$\int_0^L f(t)\cdot g(t)\mathrm{d}t=0 \tag{3-4}$$

则称函数$f(t)$和$g(t)$相互正交，而式（3–4）则暗寓函数$f(t)$和$g(t)$为“向量”，其乘积的积分为两者的数量积。关于此，以后还将深谈。

上文提出，正弦函数和余弦函数具有“相互正交”的属性，果真如此？现在有了标准，正好看个明白，而经过计算，一下子就证实了等式（3–5）至等式（3–7）：

$$\int_0^{2\pi}\sin nt\cdot\cos mt\mathrm{d}t=0 \tag{3-5}$$

$$\int_0^{2\pi}\sin nt\cdot\sin mt\mathrm{d}t=\begin{cases}0，& n=m=0\\ \pi，& n=m>0\\ 0，& n\neq m\end{cases} \tag{3-6}$$

$$\int_0^{2\pi}\cos nt\cdot\cos mt\mathrm{d}t=\begin{cases}2\pi，& n=m=0\\ \pi，& n=m>0\\ 0，& n\neq m\end{cases} \tag{3-7}$$

式中，n和m都是等于或大于零的整数。

上文说过，函数可视作向量，其乘积的积分可视作两个函数的数量积。据此，将等式（3–5）、（3–6）和（3–7）逐一同等式（3–4）对比，不难确定：正弦函数系列$\sin nt$和余弦函数系列$\cos mt$（n和m的意义同上）合起来的整个函数系列是相互正交的，也就是说，构成了一个正交函数系。其含义深远，现择要叙述如下。

众所周知，单位向量$\boldsymbol{i}$，$\boldsymbol{j}$和$\boldsymbol{k}$构成了一个正交系。因此，任何一个三维向量$\boldsymbol{a}$都可用$\boldsymbol{i}$，$\boldsymbol{j}$，$\boldsymbol{k}$表示为

$$\boldsymbol{a}=a_1\boldsymbol{i}+a_2\boldsymbol{j}+a_3\boldsymbol{k} \tag{3-8}$$

且

$$a_1=\boldsymbol{a}\cdot\boldsymbol{i}，\ a_2=\boldsymbol{a}\cdot\boldsymbol{j}，\ a_3=\boldsymbol{a}\cdot\boldsymbol{k} \tag{3-9}$$

借助等式（3–8）和等式（3–9），并联想到函数 $f(t)$ 也可视作向量，加之由正弦函数系列与余弦函数系列合成的正交函数系，记作Ω，自然会猜想：函数 $f(t)$ 是否能像三维向量$\boldsymbol{a}$展开成等式（3–8）那样，也展成正交系Ω中各项之和呢?

时间已过去了两百多年，傅里叶当时是如何想的已无从得和，但他确实在

1811年前后证实了上述猜想，开创性地给出了：周期为2π的函数$f(t)$的展开式

$$f(t)=\frac{a_0}{2}+\sum_{1}^{\infty}\left(a_n\cos nt+b_n\sin nt\right) \tag{3-10}$$

式（3-10）就是久负盛名的傅里叶级数，其中

$$a_n=\frac{1}{\pi}\int_0^{2\pi}f(t)\cos nt\mathrm{d}t \tag{3-11}$$

$$b_n=\frac{1}{\pi}\int_0^{2\pi}f(t)\sin nt\mathrm{d}t \tag{3-12}$$

有兴趣的读者不妨将傅里叶级数（3-10）同三维向量$\boldsymbol{a}$的展开式（3-8）作个比较，就会意识到：两者在概念上是一致的。等式（3-11）、（3-12）与（3-9）比较，也是如此。不过，就内涵而言，傅里叶级数远为宽广，并存在如下定理（定理证明超出本书范围，不予讨论）。

定理3.1 设函数$f(t)$是周期为2π的周期函数，且

（1）单值连续，或只存在有限个第一类间断点，

（2）在一个周期内，只存在有限个极值，

则函数$f(t)$的傅里叶级数收敛。当t是连续点时，级数收敛于$f(t)$；当t是间断点时，函数收敛于

$$\frac{1}{2}\left(f(t+0)+f(t-0)\right)$$

在该定理中，函数$f(t)$所附加的条件称为狄利克雷条件，以保证傅里叶级数处处收敛。

例3.1 周期函数

$$f(t)=\begin{cases}-1, & -\pi\leqslant t<0\\ 1, & 0\leqslant t<\pi\end{cases}$$

如图3-7所示，试将其展成傅里叶级数。

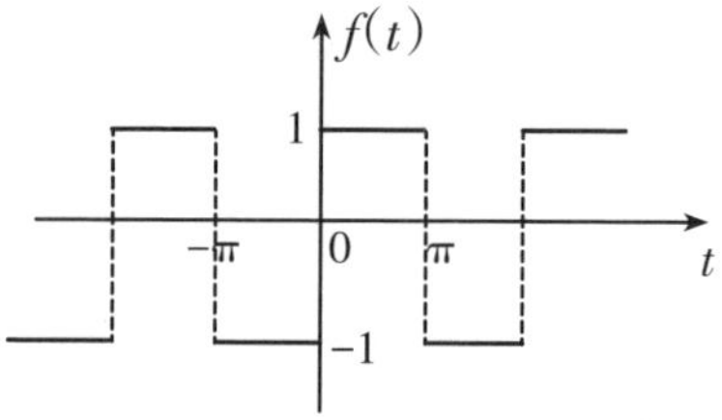

图3-7

解 函数$f(t)$的傅里叶级数已如等式（3-10）所示。现在只需针对给定的函数$f(t)$求其中的系数a_n和b_n。就本例而言，借助等式（3-11），得

$$\begin{aligned}a_n &= \frac{1}{\pi}\int_{-\pi}^{\pi} f(t)\cos nt\mathrm{d}t \\ &= \frac{1}{\pi}\int_{-\pi}^{0}(-\cos nt)\mathrm{d}t + \frac{1}{\pi}\int_{0}^{\pi}\cos nt\mathrm{d}t \\ &= 0\end{aligned}$$

借助等式（3–12），得

$$\begin{aligned}b_n &= \frac{1}{\pi}\int_{-\pi}^{\pi} f(t)\sin nt\mathrm{d}t \\ &= \frac{1}{\pi}\int_{-\pi}^{0}(-\sin nt)\mathrm{d}t + \frac{1}{\pi}\int_{0}^{\pi}\sin nt\mathrm{d}t \\ &= \frac{2}{n\pi}\left[1-(-1)^n\right]\end{aligned}$$

从上式可知，余弦函数的系数a_n全部等于零；正弦函数的系数b_n，当n为偶数时等于零，当n为奇数时等于$\frac{4}{n\pi}$。据此，得如图3–7所示正方形波函数的傅里叶级数：

$$f(t) = \frac{4}{\pi}\left[\sin t + \frac{\sin 3t}{3} + \cdots + \frac{\sin(2n+1)t}{2n+1} + \cdots\right]$$

读者可能已经在想，上式中为什么缺少余弦函数？请给出自己的答案。此外，在上式中令$t=\frac{\pi}{2}$，得

$$\frac{\pi}{4} = 1 - \frac{1}{3} + \frac{1}{5} - \frac{1}{7} + \cdots$$

这可用来计算圆周率的近似值，但不理想。

3.2.3 周期等于任何数

前面讲过，函数$\sin t$和$\cos t$的周期都是2π。请回答，函数$\sin \omega t$和$\cos \omega t$的周期是多少，其中ω为某一正数？易知，函数此时的周期T为

$$T = \frac{2\pi}{\omega}\text{ 或 }\omega T = 2\pi$$

关于上式，在下节会有更多的说明。为将周期等于T的函数$f(t)$展成傅里叶级数，当务之急是验证函数系列$\sin n\omega t$和$\cos n\omega t$（n为任意正整数），是否也是正交函数系？经过直接计算后，有

$$\int_{t_0}^{t_0+T}\sin m\omega t\cos n\omega t\mathrm{d}t = 0 \tag{3–13}$$

$$\int_{t_0}^{t_0+T}\sin m\omega t\cdot\sin n\omega t\mathrm{d}t = \begin{cases}0, & m=n=0\\ \frac{\pi}{\omega}, & m=n>0\\ 0, & m\neq n\end{cases} \tag{3–14}$$

$$\int_{t_0}^{t_0+T}\cos m\omega t\cdot\cos n\omega t\mathrm{d}t=\begin{cases}\dfrac{2\pi}{\omega}, & m=n=0\\ \dfrac{\pi}{\omega}, & m=n>0\\ 0, & m\neq n\end{cases}\tag{3-15}$$

在等式（3–13）、(3–14）和（3–15）中，m和n都是等于或大于零的整数。将上列结果同等式（3–5）、(3–6）和（3–7）对比，立刻可知：函数系列$\sin n\omega t$和$\cos n\omega t$（$n=1, 2, 3, \cdots$），是正交函数系。

有了上述结论，则可以完全仿照将周期为2π的函数展成傅里叶级数的做法，将周期为T的函数$f(t)$展成

$$f(t)=\frac{a_0}{2}+\sum_1^{\infty}\left(a_n\cos n\omega t+b_n\sin n\omega t\right)\tag{3-16}$$

其中

$$a_n=\frac{\omega}{\pi}\int_{t_0}^{t_0+T}f(t)\cos n\omega t\mathrm{d}t，n=0，1，2，\cdots\tag{3-17}$$

$$b_n=\frac{\omega}{\pi}\int_{t_0}^{t_0+T}f(t)\sin n\omega t\mathrm{d}t，n=0，1，2，\cdots\tag{3-18}$$

例3.2　周期函数

$$f(t)=\begin{cases}1, & -\dfrac{\pi}{\omega}\leqslant t<0\\ -1, & 0\leqslant t<\dfrac{\pi}{\omega}\end{cases}$$

如图3–8所示，试将其展成傅里叶级数。

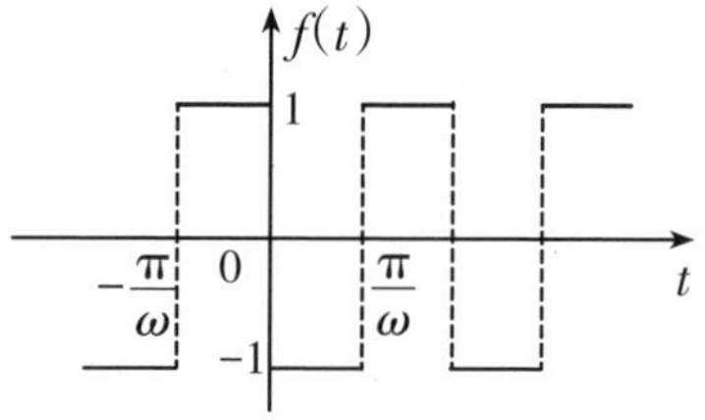

图3–8

解　由给定条件可知，函数$f(t)$是奇函数，因此，展式中不会有常数和余弦函数，只需要计算正弦函数项的系数。

借助等式（3–18），得

$$\begin{aligned}b_n&=\frac{\omega}{\pi}\int_{-\frac{\pi}{\omega}}^{\frac{\pi}{\omega}}f(t)\sin n\omega t\mathrm{d}t\\&=\frac{\omega}{\pi}\int_{-\frac{\pi}{\omega}}^{0}1\cdot\sin n\omega t\mathrm{d}t+\frac{\omega}{\pi}\int_{0}^{\frac{\pi}{\omega}}(-1)\sin n\omega t\mathrm{d}t\end{aligned}$$

在上式中，$f(t)$是奇函数，$\sin n\omega t$也是奇函数，自然被积函数是偶函数。据此，有

$$\begin{aligned}b_n&=\frac{2\omega}{\pi}\int_{-\frac{\pi}{\omega}}^{0}\sin n\omega t\mathrm{d}t=\frac{2\omega}{\pi}\left(-\frac{1}{n\omega}\cos n\omega t\right)\Bigg|_{-\frac{\pi}{\omega}}^{0}\\&=-\frac{2}{n\pi}\left[1-(-1)^n\right]=\begin{cases}-\dfrac{4}{n\pi}, & n\text{为奇数}\\ 0, & n\text{为偶数}\end{cases}\end{aligned}$$

据上述结果，得函数$f(t)$的傅里叶级数

$$f(t)=-\frac{4}{\pi}\left[\sin\omega t+\frac{\sin 3\omega t}{3}+\frac{\sin 5\omega t}{5}+\cdots+\frac{\sin(2n+1)\omega t}{2n+1}+\cdots\right]$$

看到上式后，大家可能已经想起了例3.1。若记例3.1中函数的傅里叶级数为F_1，记上式中当$\omega=1$时的级数为F_2，则显然

$$F_1=-F_2,\ F_1+F_2=0 \tag{3-19}$$

式（3–19）的结论可谓早已注定，为什么这样讲？道理至少有以下两点：

（1）试将例3.1中的函数现记为$f_1(t)$，将例3.2中当$\omega=1$时的函数现记为$f_2(t)$，逐点相加，就会发现

$$f_1(t)+f_2(t)=0 \tag{3-20}$$

所以说，等式（3–19）的结论是早已注定的。

（2）下面的级数

$$f(t)=\frac{4}{\pi}\left(\sin t+\frac{\sin 3t}{3}+\frac{\sin 5t}{5}+\cdots\right)$$

是例3.1中周期函数$f(t)$展成的傅里叶级数。先将此级数中的变量t代换成$t+\pi$，接下来再做两件事：

① 写出由此得到的级数，并予以简化。

② 思考将变量t代换成$t+\pi$的实际含义，并联系刚讨论过的内容，务必满意为止，是否满意，看完下面的例子便知端倪。

例3.3 试将周期函数

$$f(t)=\begin{cases}t+\pi, & -\pi\leqslant t<0\\ -t+\pi, & 0\leqslant t<\pi\end{cases}$$

展成傅里叶级数，其图形如图3–9所示。

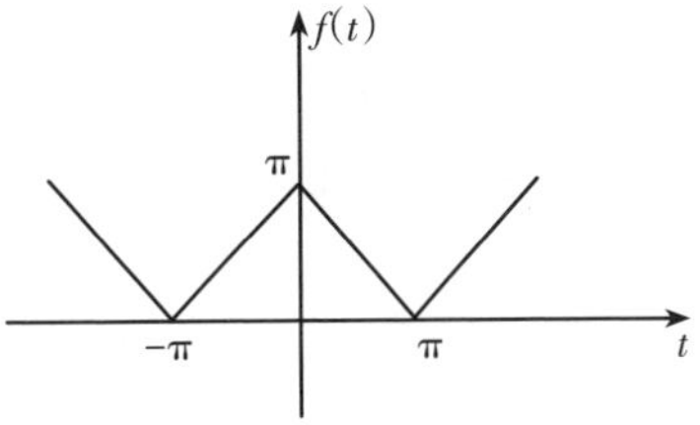

图3–9

看完此例后，请参阅周期函数

$$f_1(t)=\begin{cases}|t|, & -\pi\leqslant t<0\\ t, & 0\leqslant t<\pi\end{cases}$$

如图3-10所示，其傅里叶级数为

$$f_1(t)=\frac{\pi}{2}-\frac{4}{\pi}\left(\cos t+\frac{\cos 3t}{3^2}+\frac{\cos 5t}{5^2}+\cdots\right)$$

看能否就直接写出函数$f(t)$的傅里叶级数？如能，最好；否则，请自己计算，得到结果后，务希多思考。

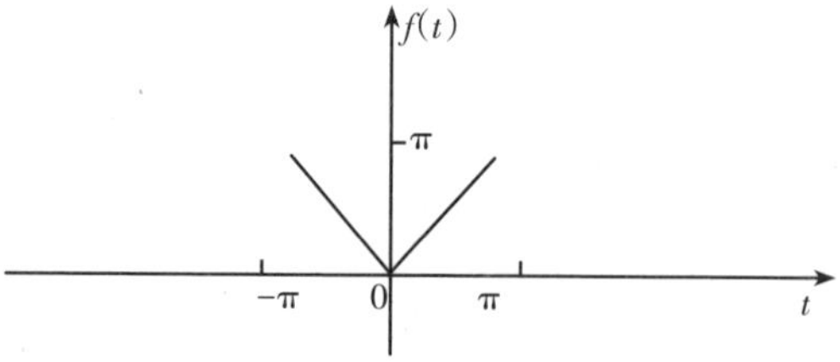

图3-10

3.2.4 周期趋于无穷大

本节的内容略显生硬抽象，对于初学者而言，有必要对上节谈过的话题多说几句：

（1）就正弦函数$\sin t$而言，当t变化时，逐点描绘出如图3-11所示的图形。从图上可见，其周期等于2π。同理，函数$\sin \omega t$当t变化时，引起ωt从0变化至2π（任何一个2π区间都一样）时，必然描绘出一个周期的图形。为具体起见，设$\omega=2$，则$2t=2\pi$，而$t=\pi$便是函数$\sin 2t$的一个周期，如图3-11所示。为加深印象，建议读者设$\omega=3$，自己绘出图来，看函数$\sin 3t$的周期是多少，是否等于$\frac{2\pi}{3}$。一般来说，函数$\sin \omega t$和$\cos \omega t$的周期都等于$\frac{2\pi}{\omega}$。

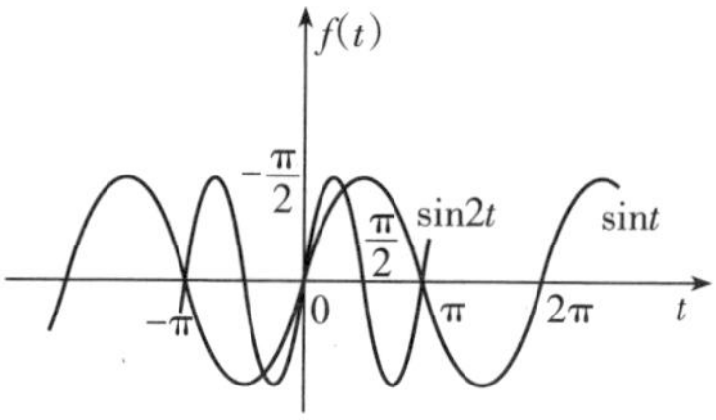

图3-11

（2）根据上述结果，有个现象值得思考。仍以函数$\sin \omega t$为例，试问当ω变化时，其周期如何变化？此问看似容易，实则说道不少。

一般常用正弦函数$\sin \omega t$表示波动，记其周期为T，即

$$T=\frac{2\pi}{\omega},\ \omega T=2\pi \tag{3-21}$$

式中，ω称为角频率，为何如此称呼？请看下面的说明。

设有一质点m，位于横轴$x=1$处，在平面xOy上作匀速圆周运动，如图3-12（a）所示。质点m每旋转一周所需的时间，称为其运动周期，常记作

T。若$T=1$，则表示质点旋转一周需时1秒；反之，若质点每秒旋转10周，则周期$T=\frac{1}{10}$秒。质点每秒旋转的周数，称为其旋转的频率，常用f表示。大家知道，我国电压的频率$f=50$赫兹，赫兹是频率的单位，意为电压每秒“旋转”50周。这里的“旋转”是指发电机的转子每秒旋转50周，发出正弦波的电压频率$f=50$赫兹。易知，频率f与角频率ω间存在如下关系：

$$f=\frac{\omega}{2\pi},\ \omega=2\pi f$$

再借助频率f与周期T的关系，又有

$$Tf=T\frac{\omega}{2\pi}=1,\ T\omega=2\pi$$

下面以函数$\sin\omega t$为例，借助上式看清当角频率ω变化时，所论函数的变化情况。

首先，当角频率ω逐渐增大时，由上式可见，$\sin\omega t$的周期T将逐渐缩短，其波形的变化将如图3–12（b）所示。在极端情况下，角频率ω趋于无穷大，而周期T的极限为零。

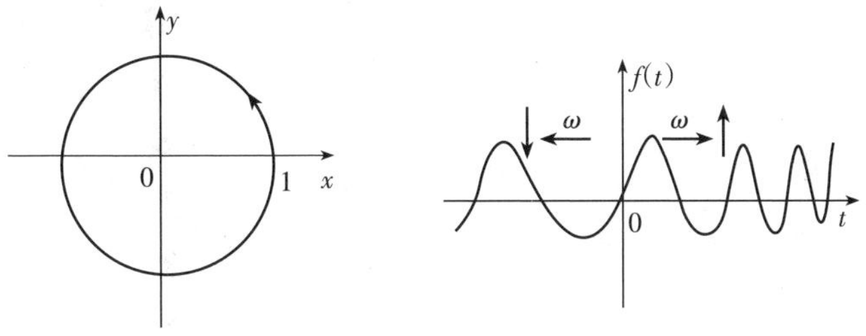

（a）（b）

图3–12

其次，当角频率逐渐减小时，函数$\sin\omega t$的周期T将逐渐增加，其波形的变化也如图3–12所示，正好同角频率ω增加时相反。说到这里，希望读者思考一下，此时的极限情况将是什么？

思考之后，自然会想到，让角频率ω不断地减少，一步步地往下探索。设$\omega=1$，则函数$f(t)$展成的傅里叶级数为

$$f(t)=\frac{a_0}{2}+\sum_{1}^{\infty}(a_n\cos nt+b_n\sin nt)$$

设$\omega=0.1$，则

$$f(t)=\frac{a_0}{2}+\sum_{1}^{\infty}(a_n\cos n(0.1t)+b_n\sin n(0.1t))$$

照此下去，当角频率ω不断减小，周期不断增大时，显然可见：展式中的

三角函数 $\cos\omega t$ 和 $\sin\omega t$ 将愈加密集。但是，不论角频率 ω 多少，周期 T 多长，把函数 $f(t)$ 展成傅里叶级数的步骤丝毫不变，其结果依然如等式（3-16）、（3-17）和（3-18）所示。看到这里，读者一定会问：当角频率 ω 一直减小下去，逐渐趋近于极限值零，那该如何处理？问题很好，说难也不难，我们马上就会给出完美的答案：傅里叶变换。

3.3 傅里叶变换

我们在前一节讨论了周期函数 $f(t)$ 的傅里叶级数，获得了十分完美的结论，与此同时，也给读者留下一个悬念：当函数 $f(t)$ 的周期 T 不断增加趋于无穷时，函数 $f(t)$ 的傅里叶级数是否存在极限形式？

本节的目的在于阐述周期函数 $f(t)$ 的傅里叶级数，在其周期 T 趋于无穷时，转变为傅里叶积分的过程，进而得到傅里叶变换。

直白地说，傅里叶变换对初学者而言是个"陷阱"，容易掉下去，难于爬起来，好在有位读者对定积分了如指掌，讲了一个比喻，极富启发性，值得洗耳一听。

有位母亲，数学专业，且精通刀法，为教育子女，买了块五花肉备用。

头一天，她将五花肉切成了100根长条，等宽，问子女道："将这些切成100根长条肉加起来还是不是原来的五花肉？"子女答道当然是。

第二天，她将100根长条肉又切成了1000根，等宽，问子女道："将这些切成1000根长条肉加起来还是不是原来的五花肉？"子女答道当然是。

第三天，她正要动刀，子女劝住说："我们知道了，您是在帮助我们复习定积分。"

第四天，她将切好的长条肉全部剁成了肉馅，向子女说："我是在帮你们理解新概念：傅里叶积分和傅里叶变换。"

3.3.1 概述

前面曾留下一个悬念：周期函数 $f(t)$，当周期趋于无穷时，其傅里叶级数是否存在极限形式？若存在，则其表达式是怎样的？

早已知道，周期为 T 的函数 $f(t)$，其傅里叶级数为

$$f(t)=\frac{a_0}{2}+\sum_{1}^{\infty}\left(a_n\cos n\omega t+b_n\sin n\omega t\right),\quad \omega=\frac{2\pi}{T}$$

现在就来观察，在周期 T 逐渐增大的过程中，函数 $f(t)$ 的傅里叶级数会发

生什么样的变化。为具体起见，请看周期T与角频率ω的关系，如图3-13所示。

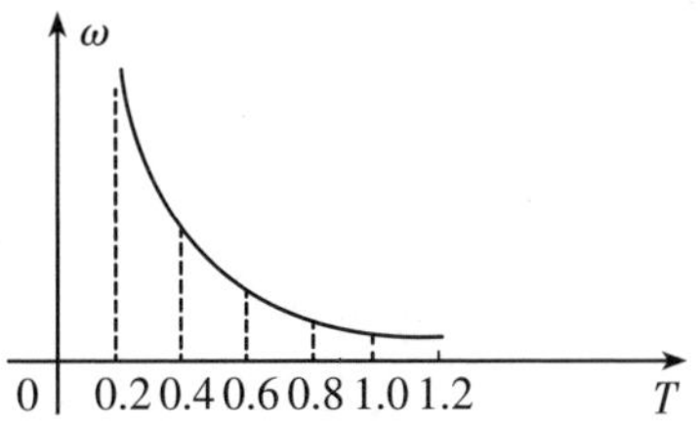

图3-13

看了图之后，请读者特别关心以下两项：

（1）当周期T趋于零时，角频率ω趋于无穷大；当周期T趋于无穷大时，角频率ω趋于零。这后一句话，必须记住。

（2）图3-13同计算一个函数的定积分时的示意图如出一辙。

讲到这里，已经进入问题的核心。为分散难点，早日找到答案，还得求助周期函数的另一展开式。

3.3.2　复数形式

一遇到新问题，本书没有其他办法，只会老调重弹：温故而知新，可以为师矣。既然是复数形式，当然应同复数挂钩。

下面是众所周知的欧拉公式：

$$e^{i\omega t}=\cos\omega t+i\sin\omega t \tag{3-22}$$

据此可得

$$\cos\omega t=\frac{1}{2}\left(e^{i\omega t}+e^{-i\omega t}\right),\quad \sin\omega t=\frac{1}{2}\left(e^{i\omega t}-e^{-i\omega t}\right)$$

从而可将函数$f(t)$的傅氏级数

$$f(t)=\frac{a_0}{2}+\sum_{1}^{\infty}\left(a_n\cos\omega t+b_n\sin n\omega t\right)$$

改写为

$$f(t)=\sum_{-\infty}^{\infty}C_n e^{in\omega t} \tag{3-23}$$

式（3-23）中的傅氏系数不难计算，把欧拉公式代入函数$f(t)$的傅氏级数，略加整理便一蹴而就。可是，正交系令人难忘，正弦和余弦函数正交系在攻克傅氏级数的战役中功不可没，它们还有一位兄弟，身手也是不凡，请看

$$\int_0^{2\pi} e^{int}\cdot e^{-imt}dt=\begin{cases}2\pi, & n=m\\ 0, & n\neq m\end{cases} \tag{3-24}$$

式中，n和m均为整数。可见，e^{int}，当n是整数时，同样属于正交系。

将等式（3-23）乘以$e^{-in\omega t}$，借助正交系（3-24），则得

$$C_n=\frac{1}{T}\int_{-\frac{T}{2}}^{\frac{T}{2}} f(t)e^{-in\omega t}dt \tag{3-25}$$

再把等式（3-23）同等式（3-25）相结合

$$\begin{cases}f(t)=\sum\limits_{-\infty}^{\infty} C_n e^{in\omega t}\\ C_n=\dfrac{1}{T}\int_{-\frac{T}{2}}^{\frac{T}{2}} f(t)e^{-in\omega t}dt\end{cases} \tag{3-26}$$

这就是我们所期盼的函数$f(t)$的傅氏级数的复数形式，简称$f(t)$的傅氏复级数。

看完傅氏复级数之后，有无联想？它包含两个等式，同类情况不少，请说一下对哪类印象最为深刻？在这里先说一下自己的感悟。

记得上大学时，老师在黑板上写下两个等式

$$\begin{cases}\boldsymbol{a}=a_1\boldsymbol{i}+a_2\boldsymbol{j}+a_3\boldsymbol{k}\\ a_1=\boldsymbol{a}\cdot\boldsymbol{i},\ a_2=\boldsymbol{a}\cdot\boldsymbol{j},\ a_3=\boldsymbol{a}\cdot\boldsymbol{k}\end{cases} \tag{3-27}$$

然后解释道：3个单位向量$\boldsymbol{i}$，$\boldsymbol{j}$和$\boldsymbol{k}$在三维空间构成了一组正交系；等式（3-27）实际就是一种变换。

听完老师的解释似懂非懂，经过长时间的琢磨，相互交流，才有所领悟，几乎所有的变换无非如此，受益匪浅，印象深刻。

现在让我们把等式（3-26）归并成一个等式

$$f(t)=\sum_{-\infty}^{\infty}\left(\frac{1}{T}\int_{-\frac{T}{2}}^{\frac{T}{2}} f(t)e^{-in\omega t}dt\right)e^{in\omega t} \tag{3-28}$$

除希望加深印象外，还盼有人将等式（3-27）也归并起来。

例3.4　求函数

$$f(t)=\begin{cases}1, & -\pi\leqslant t<0\\ -1, & 0\leqslant t<\pi\end{cases}$$

的傅里叶级数复数形式。

解　利用求傅氏系数的公式（3-26），有

$$\begin{aligned}C_n&=\frac{1}{2\pi}\int_{-\pi}^{\pi} f(t)e^{-int}dt\\ &=\frac{1}{2\pi}\int_{-\pi}^{0} f(t)e^{-int}dt+\frac{1}{2\pi}\int_0^{\pi}(-e^{-int})dt\end{aligned}$$

$$= \frac{1}{2\pi i n} e^{-int} \Big|_{-\pi}^{0} + \frac{1}{2\pi i n} e^{-int} \Big|_{0}^{\pi}$$

$$= \frac{i}{2n\pi}\left(e^{-int} \Big|_{-\pi}^{0} - e^{-int} \Big|_{0}^{\pi} \right) = \begin{cases} \dfrac{2i}{n\pi}, & n\text{为奇数} \\ 0, & n\text{为偶数} \end{cases}$$

又，直接计算或观察可知，函数$f(t)$的平均值等于零，即$C_0 = 0$，代入上列结果，从等式（3–26）得函数$f(t)$的傅里叶复级数为

$$f(t) = \frac{2i}{\pi}\left(\cdots - \frac{1}{5}e^{-i5t} - \frac{1}{3}e^{-i3t} - e^{-it} + e^{it} + \frac{1}{3}e^{i3t} + \frac{1}{5}e^{i5t} + \cdots \right)$$

看过上例，读者可能已经想起，例3.4同例3.2一模一样。作为练习，不妨利用欧拉公式将两例的表达式互相转化，以资验证。

例3.5 试求周期函数

$$f(t) = t, \quad -2 \leqslant t < 2$$

的傅里叶复级数，如图3–14所示。

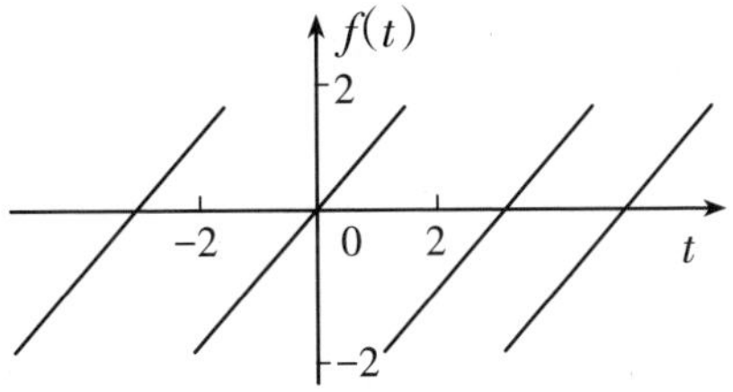

图3–14

解 此时

$$T = 4, \quad \omega = \frac{\pi}{2}$$

由等式（3–26），有

$$C_n = \frac{1}{4}\int_{-2}^{2} t e^{-\frac{in\pi t}{2}} dt$$

$$= -\frac{1}{2in\pi} e^{-\frac{in\pi t}{2}} \Big|_{-2}^{2} + \int_{-2}^{2} \frac{1}{2in\pi} e^{-\frac{in\pi t}{2}} dt$$

$$= \frac{2i}{n\pi}\cos n\pi - \frac{2i}{n^2\pi^2}\sin n\pi = \frac{2i}{n\pi}(-1)^n$$

又易知$C_0 = 0$，代入上列结果，从等式（3–26）得函数$f(t)$的傅里叶复级数为

$$f(t) = \sum_{-\infty}^{\infty} (-1)^n \frac{2i}{n\pi} e^{\frac{in\pi t}{2}}$$

$$= \frac{2i}{\pi}\left(\cdots + \frac{1}{3}e^{-\frac{i3\pi t}{2}} - \frac{1}{2}e^{-i\pi t} + e^{-\frac{i\pi t}{2}} - e^{\frac{i\pi t}{2}} + \frac{1}{2}e^{i\pi t} - \frac{1}{3}e^{\frac{i3\pi t}{2}} + \cdots \right)$$

3.3.3 傅里叶积分

3.3.2节温故，引来了函数$f(t)$的傅氏复级数，小有新获。这次温故将有大丰收。

提到定积分，多数人会认为是老皇历了，但却有人要用这个旧瓶子装上新酒，请读者尝鲜，并祈指正。

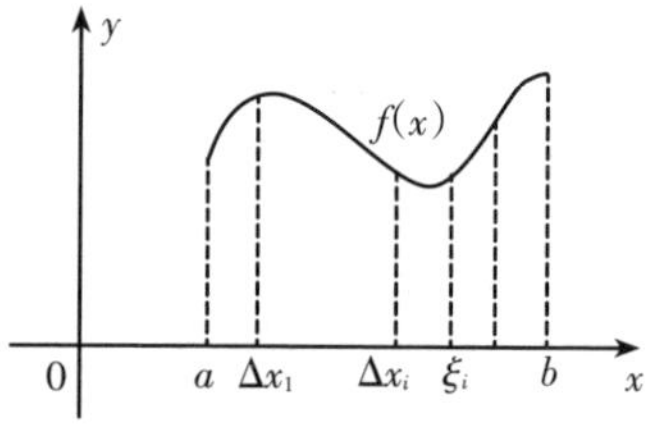

图3-15

设有定义在区间［a，b］上的连续函数$f(t)$，如图3-15所示，为求曲线在区间［a，b］上所围成的面积，将区间分成n个小区间Δx_i，在每个小区间Δx_i内任选一点ξ_i，作和式

$$I_n=\sum_1^n f(\xi_i)\Delta x_i \tag{3-29}$$

令每个Δx_i都趋近于零，n趋近于无穷大，再取极限，其值就是曲线所围成的面积，并称为函数$f(x)$在区间上的定积分，记作

$$I=\int_a^b f(x)\mathrm{d}x=\lim_{\substack{n\to\infty\\ \Delta x_i\to 0}}\sum_1^n f(\xi_i)\Delta x_i \tag{3-30}$$

据上所述，Δx_i是任意分的，ξ_i是在Δx_i内任意选的。既然如此，为简明起见，现将区间［a，b］等分为n个小区间Δx_i，ξ_i就选在其所在小区间Δx_i的终端。这样一来，等式（3-30）化为

$$I=\int_a^b f(x)\mathrm{d}x=\lim_{\substack{n\to\infty\\ \Delta x\to 0}}\sum_1^n f(n\Delta x)\Delta x \tag{3-31}$$

酿造这点“新酒”，费时良多，特绘图3-16以示庆祝，并请读者慢酌，坐等意外喜讯。

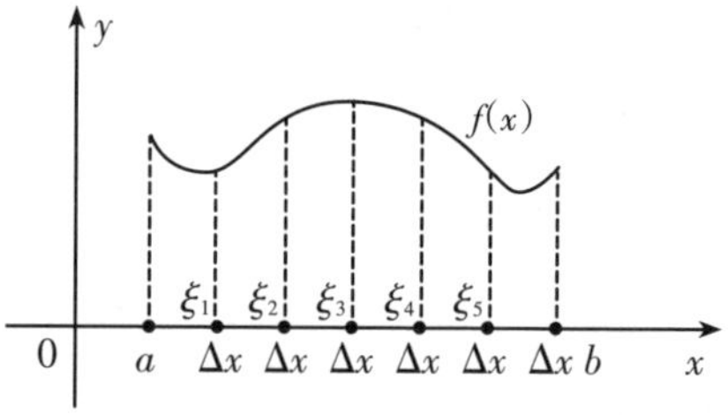

图3-16

大家坐等之时，本书要做两件先遣工作：

（1）复习一下函数$f(x)$的傅氏复级数（3-26）中的头一个等式

$$f(t)=\sum_{-\infty}^{\infty}C_n e^{in\omega t} \tag{3-32}$$

并将其改写为

$$f(t)=\sum_{-\infty}^{\infty}\frac{C_n}{\omega}e^{in\omega t}\omega \tag{3-33}$$

（2）看到等式（3–33），我们不禁会想到它的极限值。大家知道，函数$f(t)$的周期为T，角频率为ω，且

$$T\omega=2\pi$$

试设想当周期$T\to\infty$时，$\omega\to 0$。至此，希望读者务必把等式（3–31）同等式（3–33）并列

$$\begin{cases}\int_a^b f(x)\mathrm{d}x=\lim\limits_{\substack{n\to\infty\\ \Delta x\to 0}}\sum_{1}^{\infty}f(n\Delta x)\Delta x\\ f(t)=\sum_{-\infty}^{\infty}\frac{C_n}{\omega}e^{in\omega t}\omega\end{cases} \tag{3-34}$$

且仔细对比。

式（3–34）中包含傅氏复系数C_n，自然会令人联想起复系数公式（3–25）

$$C_n=\frac{1}{T}\int_{-\frac{T}{2}}^{\frac{T}{2}}f(t)e^{-in\omega t}\mathrm{d}t$$

由于$T\omega=2\pi$，得

$$\frac{C_n}{\omega}=\frac{1}{2\pi}\int_{-\frac{T}{2}}^{\frac{T}{2}}f(t)e^{-in\omega t}\mathrm{d}t \tag{3-35}$$

此式经对t积分后，必为$n\omega$的函数，简记为$F(n\omega)$，再代回等式（3–34），则得

$$\int_a^b f(x)\mathrm{d}x=\lim_{\substack{n\to\infty\\ \Delta x\to 0}}\sum_{1}^{\infty}f(n\Delta x)\Delta x$$

$$f(t)=\frac{1}{2\pi}\sum_{-\infty}^{\infty}F(n\omega)e^{in\omega t}\cdot\omega$$

并请读者对比，一是$n\Delta x$对比$n\omega$，二是Δx对比ω，而前式令$\Delta x\to 0$取极限后，变成了左端的积分。既然有章可循，则后者令$\omega\to 0$取极限后，当然也应转化为如下的积分

$$f(t)=\frac{1}{2\pi}\int_{-\infty}^{\infty}F(\omega)e^{i\omega t}\mathrm{d}\omega \tag{3-36}$$

式（3–36）中的函数$F(\omega)$，据等式（3–35），因$\omega\to 0$，$T\to\infty$，而化为

$$F(\omega)=\int_{-\infty}^{\infty}f(t)e^{-i\omega t}\mathrm{d}t=\int_{-\infty}^{\infty}f(u)e^{-i\omega u}\mathrm{d}u \tag{3-37}$$

上列两等式（3–36）和（3–37）并列，则称为傅里叶积分变换公式，函

数 $F(\omega)$ 称为函数 $f(t)$ 的傅里叶变换，简称傅氏变换，函数 $f(t)$ 称为 $F(\omega)$ 的原象。

图3-17和图3-18不一定全对，只希望有助于初学者了解傅里叶积分变换的几何意义。

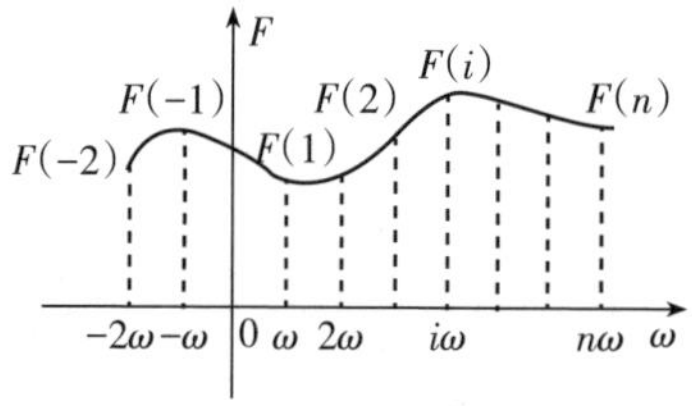

图3-17

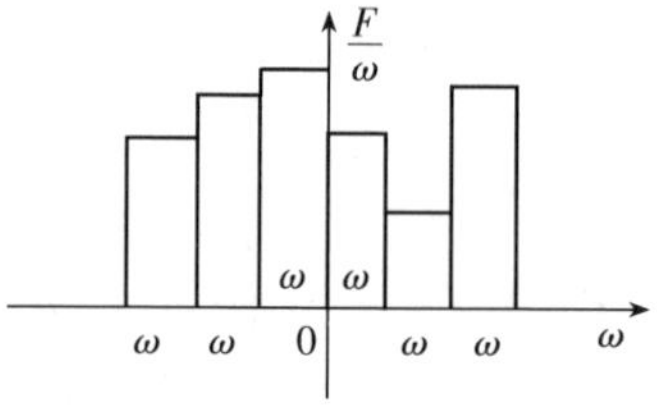

图3-18

需要说明，以上论证属于工程性质。严格地说，存在如下定理，其证明困难，不拟引述。

积分公式定理 设有非周期函数 $f(t)$:

（1）在任意有限区间上满足狄氏条件，

（2）在无限区间（$-\infty$，∞）上绝对可积，

则

$$f(t)=\frac{1}{2\pi}\int_{-\infty}^{\infty}\mathrm{d}\omega\mathrm{e}^{\mathrm{j}\omega t}\int_{-\infty}^{\infty}\mathrm{d}uf(u)\mathrm{e}^{-\mathrm{i}\omega u} \tag{3-38}$$

式（3-38）称为傅里叶积分公式，或逆转定理，其中的积分就是傅里叶积分。

需要说明：在函数 $f(t)$ 的连续点处，式（3-38）等号成立；在间断点等处，积分收敛为在该点处的平均值

$$f(t_0)=\frac{1}{2}\left(f(t_0+0)+f(t_0-0)\right)$$

例3.6 设有非周期函数

$$f(t)=\begin{cases}1, & |t|<1\\0, & |t|\geqslant 1\end{cases}$$

如图3-19所示，试求其傅里叶积分公式。

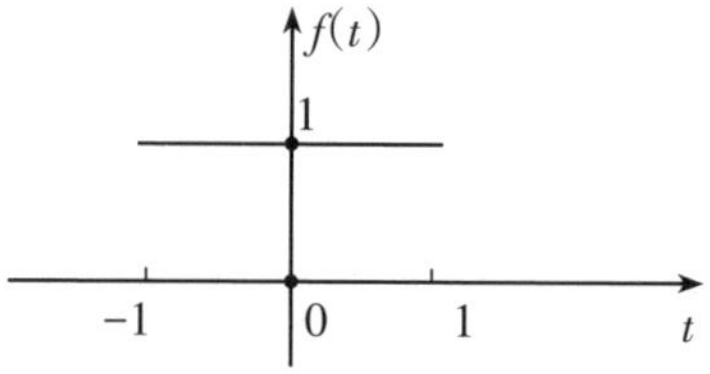

图3-19

解　由等式（3-38），有

$$f(t)=\frac{1}{2\pi}\int_{-\infty}^{\infty}\mathrm{d}\omega\mathrm{e}^{\mathrm{i}\omega t}\int_{-\infty}^{\infty}\mathrm{d}uf(u)\mathrm{e}^{-\mathrm{i}\omega u}$$

而积分

$$\int_{-\infty}^{\infty}\mathrm{d}uf(u)\mathrm{e}^{-\mathrm{i}\omega u}=\int_{-1}^{1}\mathrm{e}^{-\mathrm{i}\omega u}\mathrm{d}u=\frac{1}{-\mathrm{i}\omega}\mathrm{e}^{-\mathrm{i}\omega u}\Big|_{-1}^{1}$$

$$=\frac{\mathrm{i}}{\omega}(\mathrm{e}^{-\mathrm{i}\omega}-\mathrm{e}^{\mathrm{i}\omega})=\frac{2}{\omega}\sin\omega$$

将上述结果代回原式，得

$$\begin{aligned}f(t)&=\frac{1}{\pi}\int_{-\infty}^{\infty}\frac{\sin\omega}{\omega}\mathrm{e}^{\mathrm{i}\omega t}\mathrm{d}\omega\\&=\frac{1}{\pi}\int_{-\infty}^{\infty}\frac{1}{\omega}(\sin\omega\cdot\cos\omega t+\mathrm{i}\sin\omega\cdot\sin\omega t)\mathrm{d}\omega\end{aligned}$$

不难看出，上式中函数$\frac{1}{\omega}(\sin\omega\cdot\cos\omega t)$是关于$\omega$的偶函数，函数$\frac{1}{\omega}(\sin\omega\cdot\cos\omega t)$是奇函数，因此

$$f(t)=\frac{2}{\pi}\int_{0}^{\infty}\frac{1}{\omega}(\sin\omega\cdot\cos\omega \mathrm{d}t)\mathrm{d}\omega$$

再根据傅里叶积分公式可知

$$\int_{0}^{\infty}\frac{\sin\omega\cdot\cos\omega t}{\omega}\mathrm{d}\omega=\begin{cases}\frac{\pi}{2}, & |t|<1\\ \frac{\pi}{4}, & |t|=1\\ 0, & |t|>1\end{cases}\tag{3-39}$$

也就是说，在函数$f(t)$的连续点处，其傅里叶积分等于函数值；在间断点处，等于函数左、右极限的均值。

看完此例，能否想点办法，验证一下结果的正确性？有兴趣的读者不妨一试，权做练习。

回忆一下，我们在讲述傅里叶级数时曾谈过：函数$f(t)$若是偶函数，则其傅里叶级数只含余弦函数；若是奇函数，则只含正弦函数。由此不难推断：函数$f(t)$的傅里叶积分公式（3-38）也存在相同的结论，事实确实如此，函数$f(t)$若是偶函数，则积分（3-38）可化为

$$f(t)=\frac{2}{\pi}\int_{0}^{\infty}\cos\omega\mathrm{d}\omega\int_{0}^{\infty}f(u)\cos\omega u\mathrm{d}u\tag{3-40}$$

式（3-40）称为函数$f(t)$的傅里叶余弦积分公式。若是奇数，则有

$$f(t)=\frac{2}{\pi}\int_{0}^{\infty}\sin\omega\mathrm{d}\omega\int_{0}^{\infty}f(u)\sin\omega u\mathrm{d}u\tag{3-41}$$

称为函数$f(t)$的傅里叶正弦积分公式。

读者可能已经看出，此例中的函数$f(t)$是偶函数，何妨用傅里叶余弦积分公式（3-40）自己做一次？两相对比，相互佐证。

例3.7 存在非周期函数

$$f(t)=\begin{cases}-1, & -1<t\leqslant 0\\ 1, & 0<t<1\\ 0, & |t|\geqslant 1\end{cases}$$

如图3-20所示。试求其傅里叶正弦积分公式。

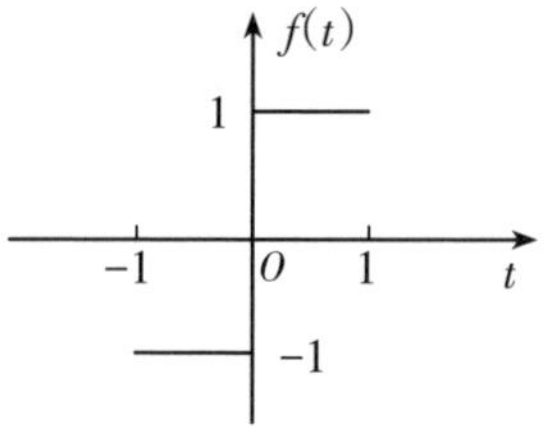

图3-20

解 鉴于函数$f(t)$是奇函数，从积分公式（3-41）可得

$$\begin{aligned}f(t)&=\frac{2}{\pi}\int_0^{\infty}\sin\omega t\mathrm{d}\omega\int_0^1\sin\omega u\mathrm{d}u\\&=\frac{2}{\pi}\int_0^{\infty}\sin\omega t\left(-\frac{\cos\omega u}{\omega}\bigg|_0^1\right)\mathrm{d}\omega\\&=\frac{2}{\pi}\int_0^{\infty}\frac{(1-\cos\omega)}{\omega}\sin\omega t\mathrm{d}\omega\end{aligned}\tag{3-42}$$

式（3-42）就是函数$f(t)$的傅里叶正弦积分公式。

3.3.4 傅里叶变换

事实上，将周期函数$f(t)$展成傅里叶级数

$$f(t)=\sum_{-\infty}^{\infty}C_n\mathrm{e}^{\mathrm{i}n\omega t}$$

$$C_n=\frac{1}{T}\int_0^T f(t)\mathrm{e}^{-\mathrm{i}n\omega t}\mathrm{d}t$$

已经是一种变换，通过上列第二式的积分，函数$f(t)$变换为傅氏系数C_n；通过上列第一式的求和，傅氏系数C_n变换为函数$f(t)$。变换都是互逆的，我们早已讲过。

傅里叶变换实际是上述变换的升华。在3.3.3节已经知道，若函数$f(t)$满足傅里叶逆转定理的条件，则存在傅里叶积分公式

$$f(t)=\frac{1}{2\pi}\int_{-\infty}^{\infty}\mathrm{e}^{\mathrm{i}\omega t}\mathrm{d}\omega\int_{-\infty}^{\infty}f(u)\mathrm{e}^{-\mathrm{i}\omega u}\mathrm{d}u$$

从上式不难看出：若设

$$F(\omega)=\int_{-\infty}^{\infty}f(t)\mathrm{e}^{-\mathrm{i}\omega t}\mathrm{d}t \tag{3-43}$$

则

$$f(t)=\frac{1}{2\pi}\int_{-\infty}^{\infty}F(\omega)\mathrm{e}^{\mathrm{i}\omega t}\mathrm{d}\omega \tag{3-44}$$

定义3.1 由积分（3-43）所表示的函数$F(\omega)$称为$f(t)$的傅里叶变换，由积分（3-44）所表示的函数$f(t)$称为函数$F(\omega)$的傅里叶逆变换。一律简称为傅氏变换。

例3.8 试求指数衰减函数

$$f(t)=\begin{cases}0, & t<0\\ C\mathrm{e}^{-\lambda t}, & t\geqslant 0\end{cases}$$

的傅氏变换。

解 据积分（3-37），可知函数$f(t)$的傅氏变换

$$\begin{aligned}F(\omega)&=\int_{0}^{\infty}C\mathrm{e}^{-\lambda t}\mathrm{e}^{\mathrm{i}\omega t}\mathrm{d}t\\&=C\left[-\frac{\mathrm{e}^{-(\lambda+\mathrm{i}\omega)t}}{\lambda+\mathrm{i}\omega}\right]_{0}^{\infty}\\&=\frac{C}{\lambda+\mathrm{i}\omega}=\frac{C(\lambda-\mathrm{i}\omega)}{\lambda^{2}+\omega^{2}}\end{aligned}$$

请注意，函数$f(t)$是变量t的函数，而其傅氏变换$F(\omega)$却是角频率ω的函数，为说明其间的物理意义，再看一个例子。

例3.9 试求指数衰减振动函数$f(t)$的傅氏变换

$$f(t)=\begin{cases}0, & t<0\\ \mathrm{e}^{-\lambda t}\sin t, & t\geqslant 0\end{cases}$$

其衰减曲线如图3-21所示。

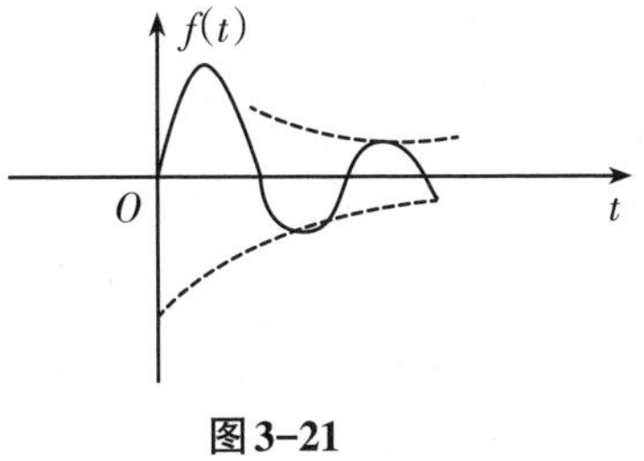

图3-21

解 据积分（3-37），可知函数$f(t)$的傅氏变换

$$
\begin{aligned}
F(\omega) &= \int_0^{\infty} \mathrm{e}^{-\lambda t}\sin t\,\mathrm{e}^{-\mathrm{i}\omega t}\mathrm{d}t \\
&= \int_0^{\infty} \mathrm{e}^{-(\lambda+\mathrm{i}\omega)t}\sin t\mathrm{d}t \\
&= \left\{\frac{\mathrm{e}^{-(\lambda+\mathrm{i}\omega)t}}{(\lambda+\mathrm{i}\omega)^2+1}\left[(-\lambda+\mathrm{i}\omega)\sin t-\cos t\right]\right\}_0^{-\infty} \\
&= \frac{1}{(\lambda+\mathrm{i}\omega)^2+1} = \frac{\lambda^2-\omega^2+1-2\mathrm{i}\omega}{(\lambda^2-\omega^2+1)^2-1}
\end{aligned}
$$

注意，指数衰减振动函数$f(t)$的傅氏变换同样是角频率ω的函数。要强调的是：任何非周期函数的傅氏变换都是角频率ω的函数。其理论价值重大，姑且不谈；其工程意义也不可小觑，必须重视，理由如下。

就例3.9而论，函数$\mathrm{e}^{-\lambda t}\sin t$所表示的或为声强的变化，由一个逐渐远去的振动器所致。究竟振动器发出来的声音，其音色如何，能否全部听到？回答这个问题，还需从头说起。

声音源于在介质中的声波，波动的快慢用频率表示，每秒波动一次，则其频率为1。频率是波动周期的倒数，单位为赫兹，人们能听到的声音，其频率介于20到20000赫兹之间，且因人而异。高于20000赫兹，称为超声；低于20赫兹，称为次声。有些动物能预告风暴的到来，是因为它们可以听到次声波，而这恰恰是风暴产生的声波。

有了以上的说明，现在就来回答前面提出的问题。已知振动器发出的声音由函数$\mathrm{e}^{-\lambda t}\sin t$表示，其傅氏变换

$$F(\omega)=\frac{\lambda^2-\omega^2+1-2\mathrm{i}\omega}{(\lambda^2-\omega^2+1)-1} \tag{3-45}$$

是角频率ω的函数，其定义域为$0\leqslant\omega<\infty$，而角频率

$$\omega=\frac{2\pi}{T}=2\pi f,\ f=\frac{1}{T}$$

式中，T代表周期，f代表频率。从式（3-45）可知，振动器发出的声音涵盖了所有的频率，从零到无穷大（极限值），所以大家能听到它变强和变弱。但是，这只是其中一部分，顶多在20至20000赫兹之间，而年轻人耳膜更灵敏，听到的音色比老年人更多姿多彩。

在此例中只提到振动器，举一反三，诸如闪烁光源脉冲电流、辐射磁场，都可通过其相应的傅氏变换进行类似上述的分析。异想奇思一回：如果设计的设备所发出的声响，其傅氏变换不包含或者较少包含20到20000赫兹的频段，则人们就听不到噪声了，这当然好，但十分难。

3.3.5 频谱

3.3.4节内容已经涉及频谱了，这是一个非常重要的概念，接下来就将对其进行较为系统的论述。

早已讲过，一个周期函数，满足狄利克雷条件，则可展成傅里叶级数

$$f(t)=\frac{a_0}{2}+\sum_{1}^{\infty}\left(a_n\cos n\omega t+b_n\sin n\omega t\right)$$
$$=\frac{a_0}{2}+\sum_{1}^{\infty}\sqrt{a^2+b^2}\sin\left(n\omega t+\theta_n\right)$$

习惯上，上式中的正弦和余弦函数称为简谐函数，通项

$$\sqrt{a_n^2+b_n^2}\sin\left(n\omega t+\theta_n\right),\ n=1,\ 2,\ 3,\ \cdots$$

称为函数$f(t)$的第n次谐波，$n\omega$称为函数$f(t)$的第n次谐波的频率，θ_n称为第n次谐波的相角，幅值$\sqrt{a_n^2+b_n^2}$称为第n次谐波的振幅，简记

$$A_0=\frac{a_0}{2},\ A_n=\sqrt{a_n^2+b_n^2},\ n=1,\ 2,\ 3,\ \cdots \tag{3-46}$$

在函数$f(t)$的傅里叶级数取复数形式时

$$f(t)=\sum_{-\infty}^{\infty}C_n^{\mathrm{i}n\omega t}$$

其中的$C_n^{\mathrm{i}n\omega t}+C_{-n}\mathrm{e}^{-\mathrm{i}n\omega t}$称为函数$f(t)$的$n$次谐波，其振幅等于$2C_n$。经简单计算可知

$$2\left|C_n\right|-\sqrt{a_n^2+b_n^2}-A_n$$

从以上介绍不难看出，振幅A_n是自然数$n=0,\ 1,\ 2,\ 3,\ \cdots$的离散函数，但在实际应用中，常用谐波频率$n\omega$代替自然数n。将振幅A_n与谐波频率$n\omega$的关系制成图就称为频谱图，振幅A_n称为函数$f(t)$的频谱，因A_n是离散函数，属于离散频谱。

例3.10 设有周期函数

$$f(t)=\begin{cases}0, & -\pi\leqslant t<-\dfrac{\pi}{4}\\ 1, & -\dfrac{\pi}{4}\leqslant t<\dfrac{\pi}{4}\\ 0, & \dfrac{\pi}{4}\leqslant t<\pi\end{cases}$$

如图3-22所示，试绘制其频谱图。

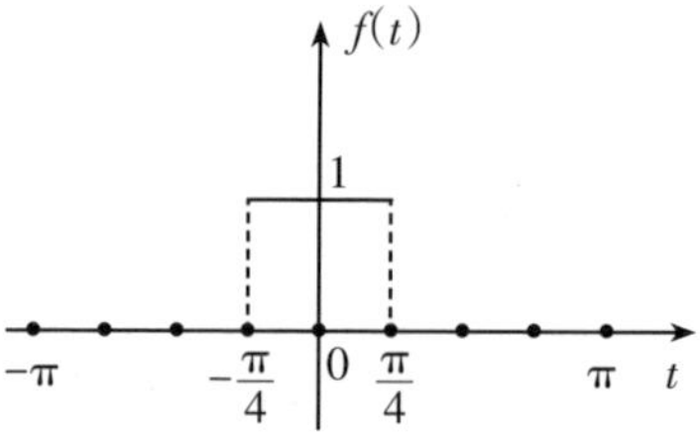

图3-22

解　函数$f(t)$为偶函数，其傅里叶级数只含余弦函数$a_n\cos n\omega t$（$n=1$，2，3，…），因此只需求傅氏系数a_n，由公式（3-7），且此时$\omega=1$，有

$$a_n=\frac{1}{\pi}\int_{-\frac{\pi}{2}}^{\frac{\pi}{2}}f(t)\cos nt\mathrm{d}t=\frac{2}{\pi}\int_0^{\frac{\pi}{2}}\cos nt\mathrm{d}t$$

$$=\frac{2}{\pi}\cdot\frac{\sin nt}{n}\Big|_0^{\frac{\pi}{4}}=\frac{2}{n\pi}\sin\frac{n\pi}{4}$$

又傅里叶级数中的常数项$\frac{a_0}{2}$就是函数$f(t)$的平均值，即

$$\frac{a_0}{2}=\frac{1}{2\pi}\int_{-\pi}^{\pi}f(t)\mathrm{d}t=\frac{1}{2\pi}\int_{-\frac{\pi}{4}}^{\frac{\pi}{4}}1\mathrm{d}t=\frac{1}{4}$$

最后得

$$f(t)=\frac{1}{4}+\sum_1^{\infty}\frac{2}{n\pi}\sin\frac{n\pi}{4}$$

由上式可知函数$f(t)$的频谱为

$$A_0=\frac{1}{4},\ A_n=\frac{2}{n\pi}$$

在本例中，函数$f(t)$的周期$T=2\pi$，角频率$\omega=1$，因此$n\omega=n$，取ω或n作为横坐标都是一样的。遵循常规，取ω为横坐标绘制函数的频谱图，如图3-23所示，当$\omega=n=1$时，$A=\frac{2}{\pi}$，振幅最大，这并非特例，属正常现象。由此可知，傅里叶级数中，第一项$A_1\sin(\omega t+\theta_1)$，其重要性超越余下所有各项，因此命名为基波，不叫谐波，余下的相应地称第二次谐波、第三次谐波……频谱图在工程上应用广泛，借此可以看清基波及各次谐波各自的权重，采取相应的措施。比如，一个电路，若其外加电压$f(t)$展成傅里叶级数后，如其基波和第二、第三次谐波总和

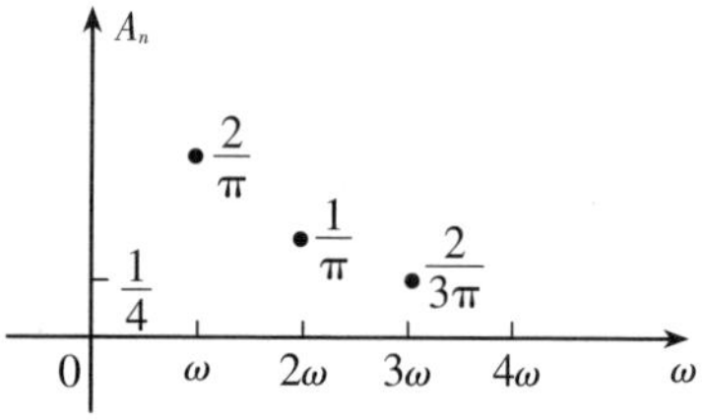

图3-23

的权重已超过90%，则余下的谐波可以忽略不计，这样算出来的电流，误差不会大于10%，因谐波频率越高，遇到的阻力越大。

例3.11 设有非周期函数

$$f(t)=\begin{cases}0, & t<0\\ e^{-\lambda t}, & t\geqslant 0\end{cases}$$

试绘制其频谱图。

解 从例3.8可知函数$f(t)$的傅氏变换

$$F(\omega)=\frac{\lambda-i\omega}{\lambda^2+\omega^2}$$

这里的$F(\omega)$是一个非周期函数的傅氏变换，就对等于A_n——一个周期函数的系数，同理称为频谱函数，而其模$|F(\omega)|$简称为频谱。从上式可知

$$|F(\omega)|=\frac{1}{\sqrt{\omega^2+\lambda^2}}$$

据此作函数$f(t)$的频谱图，如图3-24所示。

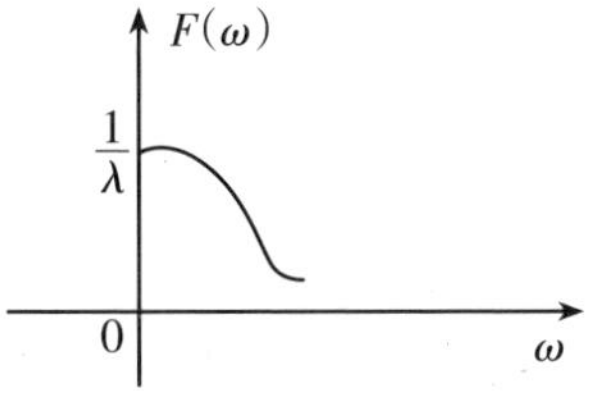

图3-24

将图3-24与图3-23相比，显然可见：周期函数的频谱图3-23是离散的，非周期函数的频谱图3-24是连续的。此外，相角θ_n也是角频率ω的函数，也存在频谱图，称为相位频谱图。同样，视函数$f(t)$为周期或非周期，相应地分为离散的或连续的。相位频谱图的重要性远逊于振幅频谱图，且绘制不易，本书从略。

需要了解，傅氏变换除能用以绘制函数的频谱图外，尚有多方面的应用，且具有不少重要的特性，必须阐述，但为从另一侧面加深对它的印象，我们先介绍一些值得研究的函数。

3.3.6 单位脉冲函数

严格地说，单位脉冲函数不是函数，难以定义，因此，只能循序渐进，从实际中寻求帮助。

最实际的事情莫过于吃饭了，我们就从吃馒头开始说起。馒头的重量正好一两，即50克，大家比赛，第一人以10秒时间匀速地吃完馒头，每秒吃5克；第二人以2秒时间匀速吃完，每秒吃25克；第三人想夺冠军，一口气吞了馒头。谁当折桂？自然应评议谁吃馒头的速度快，速度图已经画好，如图3-25所示，从图上可见第一人每秒吃5克，速度为每秒5克；第二人每秒吃25克，

速度为每秒25克；到了第三人，大家无一人能说出他的速度，评议会只好散会。谁当折桂？此问题成了“悬案”，直至一个新函数的诞生。

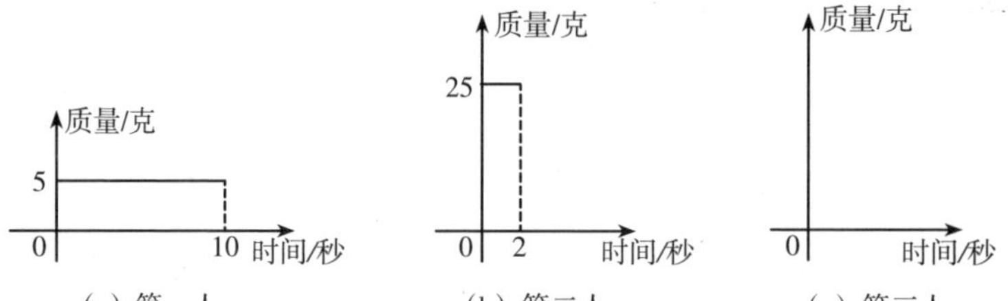

（a）第一人　（b）第二人　（c）第三人

图3–25

狄拉克生于1902年，是量子电动力学的创始人之一，勇于创新，发明了一个新函数，其常用的定义如下。

定义3.2　如果函数$\delta(t)$满足

$$\begin{cases}\delta(t)=\begin{cases}0, & t\neq 0\\ \infty, & t=0\end{cases}\\ \int_{-\infty}^{\infty}\delta(t)\mathrm{d}t=1\end{cases} \tag{3-47}$$

则称为狄拉克函数，简称δ—函数，或单位脉冲函数，习惯上记作$\delta(t)$。

看了上述定义，会觉得荒谬，竟然出现了$\delta(t)=\infty$（$t=0$），与常理不符。但是，这个新函数一诞生就显示出茁壮的生命力。可是，随之而来也产生了很多分歧。幸亏一位数学家施瓦茨不久便创立了广义函数论，大家才统一了认识。从此，数学园里又多了一朵由数学家和物理学家联手培育的奇花。

面对函数$\delta(t)$，工科读者宜将它视作一种极限。仍以吃馒头为例，设想第四人是用ε秒匀速吃完馒头的，每秒吃$\dfrac{1}{\varepsilon}$个馒头，如图3–26所示；当$\varepsilon\to 0$时，图3–26（a）所示函数$\varepsilon(t)$的极限就是函数$\delta(t)$，如图3–26（b）所示。此函数具有不少重要性质，现列举一二如下。

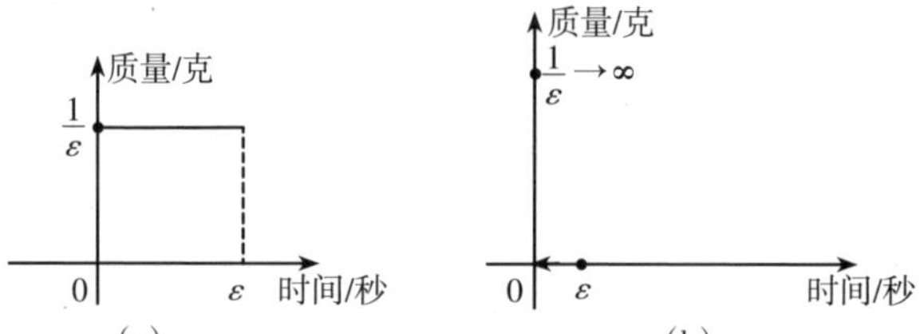

（a）　（b）

图3–26

性质1　若函数$f(t)$连续，则

$$\int_{-\infty}^{\infty}f(t)\delta(t)\mathrm{d}t=f(0) \tag{3-48}$$

证明不难，但请先看一下直观说明。试将函数$f(t)$同函数$\varepsilon(t)$相乘，如图3-27所示。

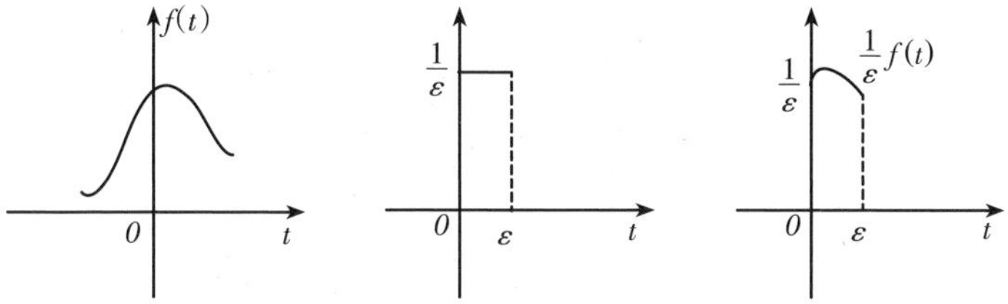

(a) (b) (c)

图3-27

请读者一边看图，同时思考当ε越来越小，直至趋近于零的情况。

（1）图3-27（a）是函数$f(t)$的曲线，图3-27（b）是脉冲函数$\delta(t)$的雏形，图3-27（c）是$f(t)$同$\delta(t)$的雏形两者相乘的示意图。

（2）图3-27（c）是个曲边梯形，希望读者一边看着一边思考：当ε越来越小直至趋于零时，这个曲边梯形的面积是多少？

（3）要想马上回答上述问题有些困难。为此，仍然沿用老办法，先从特殊而且简单的情况开始，先取$\varepsilon=1$和$\varepsilon=0.1$分别将示意图重新绘制，如图3-28所示。

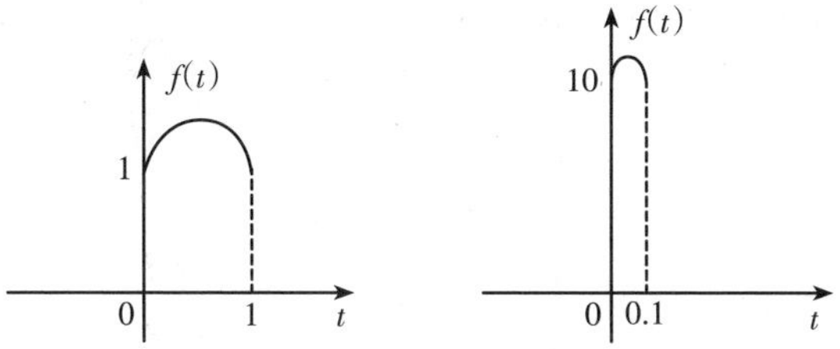

(a) (b)

图3-28

（4）如果从图3-28上还看不出端倪，则在其上加条辅助线，并退而求其次，能不能算出面积的近似值？

（5）从加了辅助线的图3-29中显然可见，面积的近似值，从图3-29（a）看，记为S_1，应有

$$S_1=f(\xi_1)$$

从图3-29（b）看，记为S_2，应有

$$S_2=f(\xi_2)$$

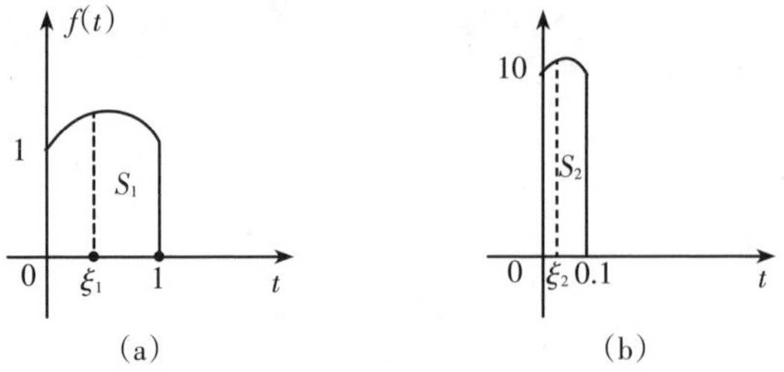

图3-29

（6）现在轮到大家发挥自己的想象力了，请看图3-29（a），是不是应有

$$S_1 \approx f(\xi_1),\ S_2 \approx f(\xi_2)\ (\approx\text{代表近似})$$

如果说不是，请讲道理，讲不出道理，那就仔细地琢磨吧！

（7）这时有位读者已经琢磨透了，高兴地说道：当$\varepsilon \to 0$时，应有

$$S_1 = S_2 = f(0)$$

坦白地说，笔者也是费了大半天时间才悟出等式（3-48）

$$\int_{-\infty}^{\infty} f(t)\delta(t)\mathrm{d}t = f(0)$$

的直观含义的，写出来供大家参考。

上面的说明不能当成证明，但对于工科读者而言，笔者认为这样的说明更为实用。

性质2 脉冲函数$\delta(t)$是偶函数

$$\delta(t) = \delta(-t)$$

根据函数$\delta(t)$的定义3.2，显然上式成立。另外，我们不妨将定义3.2换作如下的定义：

定义3.3 如果函数$\delta(t)$满足

$$\begin{cases} \delta(t) = \begin{cases} \left.\dfrac{\varepsilon}{2}\right|_{\varepsilon \to 0}, & t \neq 0 \\ \infty, & t = 0 \end{cases} \\ \int_{-\infty}^{\infty} \delta(t)\mathrm{d}t = 1 \end{cases} \tag{3-49}$$

如图3-30所示，则称为狄拉克函数，简记为$\delta(t)$。

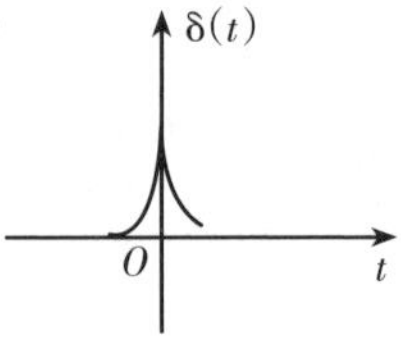

图3-30

据此定义可见：

（1）同定义3.2在实质上是一致的。

（2）函数 $\delta(t)=\delta(-t)$是偶函数。

性质3 脉冲函数存在导数 $\delta'(t)$。

同学们一定会认为，脉冲函数 $\delta(t)$本身已经是无穷大了，何来导数？数学的魅力就在于此，定义其导数 $\delta'(t)$为满足如下的等式

$$\int_{-\infty}^{\infty} f(t)\delta(t)\mathrm{d}t = \left[f(t)\delta(t)\right]_{-\infty}^{\infty} - \int_{-\infty}^{\infty} f'(t)\delta(t)\mathrm{d}t$$
$$= -f'(0)$$

式中，$f(t)$为任一连续可导的有界函数。

推论 从性质1可得

$$\int_{-\infty}^{\infty} f(t)\delta(t-t_0)\mathrm{d}t = f(t-t_0)$$

从性质2可得

$$\delta(t-t_0)=\delta(t+t_0)$$

从性质3可得

$$\int_{-\infty}^{\infty} f(t)\delta^{n}(t)\mathrm{d}t = (-1)f^{(n)}(0)$$

式中，$f(t)$为任一存在n阶连续导数且有界的函数。

3.3.7 单位阶跃函数

单位阶跃函数与单位脉冲函数相互依存，上下一气，关系十分接近，又称赫维赛德函数，简记为$\mathrm{H}(t)$，一般定义如下：

定义3.4 函数

$$\mathrm{H}(t)=\begin{cases}1, & t\geqslant 0\\ 0, & t<0\end{cases}$$

如图3-31所示。

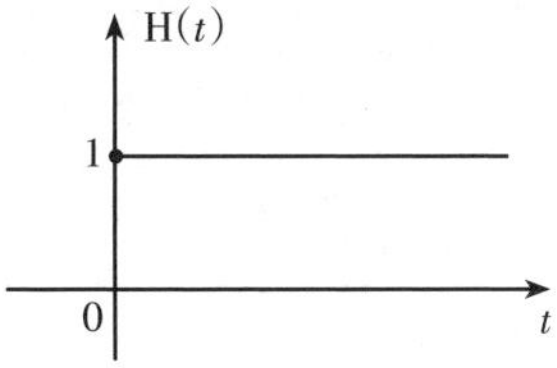

图3-31

不难看出，借助单位脉冲函数$\delta(t)$，函数$\mathrm{H}(t)$也可作如下定义

$$\mathrm{H}(t)=\int_{-\infty}^{1}\delta(t)\mathrm{d}t=\begin{cases}1, & t\geqslant 0\\ 0, & t<0\end{cases}$$

从其定义和图形都清楚可见，函数$\mathrm{H}(t)$存在间断点$t=0$，常取值为

$$\mathrm{H}(0)=\frac{1}{2}$$

此外，根据变上限积分求导的理论，由上述可得

$$\frac{\mathrm{dH}(t)}{\mathrm{d}t}=\delta(t)$$

这让人有些难以接受，函数$\mathrm{H}(t)$的间断点$t=0$处居然存在导数，而且还是单位脉冲函数$\delta(t)$。可是，这没有错，既不与直观理解相悖，又得到了客观实际的支持，如下所述。

大家如果常用收音机，会有这样的体验：当电源开关突然打开或关闭时，收音机就会发出咔的响声，令人十分困惑，学过傅氏变换后，谜团自会解开。

例3.12 试求单位脉冲函数$\delta(t)$的傅氏变换。

解 由傅氏变换式（3-37），得函数$\delta(t)$的傅氏变换

$$F(\omega)=\int_{-\infty}^{\infty}f(t)\mathrm{e}^{-\mathrm{i}\omega t}\mathrm{d}t=\int_{-\infty}^{\infty}\delta(t)\mathrm{e}^{-\mathrm{i}\omega t}\mathrm{d}t=\mathrm{e}^{0}=1$$

如图3-32所示，此图看似简单，寓意却相当复杂。其横坐标为角频率ω，表示单位脉冲函数$\delta(t)$的频谱涵盖了全部频段，从零到无限，且强度不减，都等于1，即$F(\omega)$的模。由此可知，大家的收音机无论调到哪个频段——低频、高频，甚至超高频，都逃不过$\delta(t)$发出的该频段的强度为1的电磁波的冲击，即我们在开关收音机时听到的咔的一声。

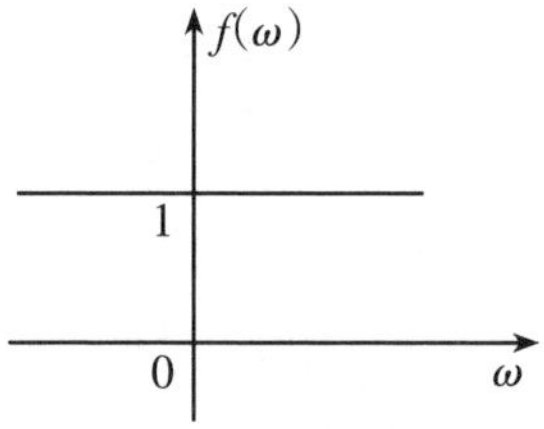

图3-32

此例所谈的只是冰山一角，一出现阶跃函数$\mathrm{H}(t)$，脉冲函数$\delta(t)$必然相伴，其身影随处可见，比如电压异动、发动机突然点火、雷鸣电闪，比比皆是；至于点电荷一类的更是属于高维的脉冲函数，非本书探讨范围。

3.3.8 傅氏变换的性质

为书写简便，以下采用符号

$$F(\omega)=\mathscr{F}\left[f(t)\right],\ \mathscr{F}^{-1}F(\omega)=f(t)$$

表示函数$F(\omega)$是函数$f(t)$的傅氏变换，又凡涉及函数$f(t)$，一律认为其存在傅

氏变换。

（1）线性性质。

若 $F_1(\omega)=\mathscr{F}\left[f_1(t)\right]$， $F_2(\omega)=\mathscr{F}\left[f_2(t)\right]$，则

$$\mathscr{F}\left[af_1(t)+bf_2(t)\right]=aF_1(\omega)+bF_2(\omega)$$

式中，a 和 b 为任意常数。逆变换也具有相同的性质

$$\mathscr{F}^{-1}\left[aF_1(\omega)+bF_2(\omega)\right]=f_1(t)+f_2(t)$$

（2）微分性质。

$$\mathscr{F}\left[f'(t)\right]=\mathrm{i}\omega F(\omega)$$

以及

$$\mathscr{F}\left[f^n(t)\right]=(\mathrm{i}\omega)^n F(\omega)$$

（3）积分性质。

$$\mathscr{F}\left[\int_{-\infty}^{1} f(\lambda)\mathrm{d}\lambda\right]=\frac{1}{\mathrm{i}\omega}F(\omega)+c\delta(\omega)$$

式中，最后一项 $c\delta(\omega)$ 是积分常数的傅氏变换。

（4）位移性质。

$$\mathscr{F}\left[f\left(t+t_0\right)\right]=\mathrm{e}^{\mathrm{i}\omega_0}F(\omega)$$

（5）缩放性质。

$$\mathscr{F}\left[f(at)\right]=\frac{1}{a}F\left(\frac{\omega}{a}\right)$$

本书对上列各项性质的证明不予引述，但建议工科读者根据函数 $f(t)$ 的傅里叶级数［将其中的（$n\omega$）视作 ω］

$$f(t)=\sum_{-\infty}^{\infty}c_n\mathrm{e}^{\mathrm{i}(n\omega)t}$$

对上列各项的性质逐一予以验证。因为这样做比较简单，易于记忆。同时，傅氏变换具有的性质，傅氏级数也应具有类似的性质。

3.4 拉普拉斯变换

拉普拉斯变换，简称拉氏变换。刚讲过傅氏变换，为何要讲拉氏变换？因为后者年轻，更具活力。

傅氏变换的重要性毋庸置疑，不但揭示了函数 $f(t)$ 的频谱性质，还能用来求解微分方程和积分方程，对此本书没有落墨。因为，一个函数 $f(t)$ 若具有傅氏变换，除要求满足狄利克雷条件，还应该绝对可积，限制相当严格。弱化上

述限制，非常必要。拉氏变换正是在这样的背景下应运而生的。

3.4.1 概述

前面说过，傅氏变换对函数$f(t)$的限制严格，像正弦、余弦函数都不能满足绝对可积的条件，更不用说阶跃函数了！由此可见，人们常用的一些函数难以过关。幸好，有个指数衰减函数$e^{-\lambda t}$，$0<c<\lambda$，满足绝对可积的条件。往下，人们自然会想到，用函数$e^{-\lambda t}$同不满足绝对可积条件的函数相乘得到的函数，比如，$e^{-\lambda t}\sin t$，$e^{-\lambda t}t$等，就会满足上述所有条件了。因此，毫无疑问，可以直接就求上述函数的傅氏变换。例如函数

$$g(t)=e^{-\lambda t}t \tag{3-50}$$

的傅氏变换

$$G(\omega)=\int_{-\infty}^{\infty}e^{-\lambda t}\cdot t\cdot e^{-i\omega t}dt,\ 0<c<\lambda \tag{3-51}$$

但是，上面的积分不收敛，问题出在何处？

仔细一看，原因在于：上面的积分是由两部分组成的，即

$$G(\omega)=\int_{-\infty}^{0}e^{-\lambda t}\cdot t\cdot e^{-i\omega t}dt+\int_{0}^{\infty}e^{-\lambda t}\cdot t\cdot e^{-i\omega t}dt$$

上式右边第一部分从$-\infty$到0的积分显然不收敛，因为当$t\to-\infty$时，$e^{-\lambda t}\to\infty$。而第二部分从0到∞的积分显然收敛。

问题找到了，解决的方法只有一种，抛弃前一部分积分，只保留从0到∞的积分。

由此从上式得

$$\begin{aligned}G(\omega)&=\int_{0}^{\infty}te^{-(\lambda+i\omega)t}dt\\&=\left.\frac{-te^{-(\lambda+i\omega)t}}{\lambda+i\omega}\right|_{0}^{\infty}+\frac{1}{\lambda+i\omega}\int_{0}^{\infty}e^{-(\lambda+i\omega)t}dt\\&=\frac{1}{(\lambda+i\omega)^{2}}\end{aligned}$$

有了上述结果，显然可知：一般函数$f(t)$乘以衰减因子$e^{-\lambda t}$之后，再求“单侧”从0到∞积分的傅氏变换是完全可行的。就是说，这样的单侧傅氏变换解除了绝对可积的限制，往往是存在的。

不难预见，上述单侧傅氏变换既是对傅氏变换的广义化，也孕育了一种新的变换，即拉普拉斯变换。

3.4.2 定义

前面说了，拉普拉斯变换脱胎于单侧傅氏变换，而区别于前者的有两点：

（1）引入新变量$s=\lambda+\mathrm{i}\omega$。

（2）只考虑函数$f(t)$在$t>0$时的性质。

一句话，函数$f(t)$的拉氏变换就是函数

$$g(t)=f(t)\cdot \mathrm{e}^{-\lambda t}\cdot \mathrm{H}(t)$$

的单侧傅氏变换，并记$\lambda+\mathrm{i}\omega=s$，此外，为加深式中单位阶跃函数$\mathrm{H}(t)$的影响，特将函数$\mathrm{e}^{-\lambda t}\cdot t$同$\mathrm{e}^{-\lambda t}\cdot t\cdot \mathrm{H}(t)$绘制出来，以便比较，如图3–33所示。

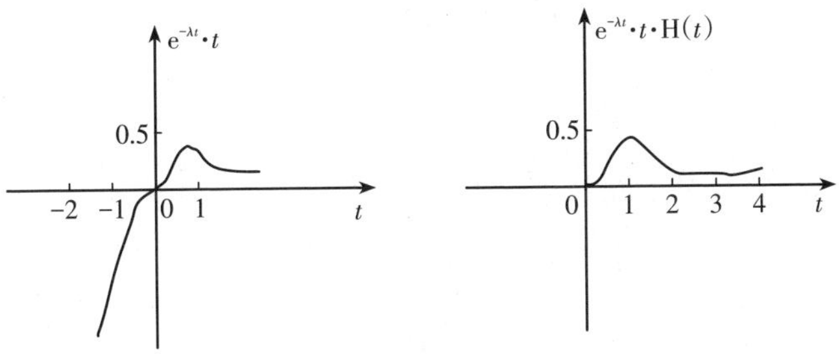

图3–33

在定义拉普拉斯变换之前，为易于对照，现在傅氏变换的两个积分复述如下：

$$F(\omega)=\int_{-\infty}^{\infty}f(t)\mathrm{e}^{-\mathrm{i}\omega t}\mathrm{d}t$$

$$F(t)=\frac{1}{2\pi}\int_{-\infty}^{\infty}F(\omega)\mathrm{e}^{\mathrm{i}\omega t}\mathrm{d}\omega$$

在上列两个积分中，用变量s代替$\mathrm{i}\omega$，头一个积分改为单侧，只从0积到∞，后一个积分的$\mathrm{d}\omega$改成$\mathrm{d}s$，得

$$F(s)=\int_{0}^{\infty}f(t)\mathrm{e}^{-st}\mathrm{d}t \tag{3–52}$$

$$f(t)=\frac{1}{2\pi\mathrm{i}}\int_{c-\mathrm{i}\infty}^{c+\mathrm{i}\infty}F(s)\mathrm{e}^{st}\mathrm{d}s \tag{3–53}$$

就上列两个积分正好有两点说明：

（1）其中的变量s一般是复数，且实部$\mathrm{Re}\,s>c>0$，c为常数，用以保证变量s的实部足够大，以保证积分（3–52）收敛。

（2）后一个积分（3–53）的积分路线是在平面上，如图3–34所示。

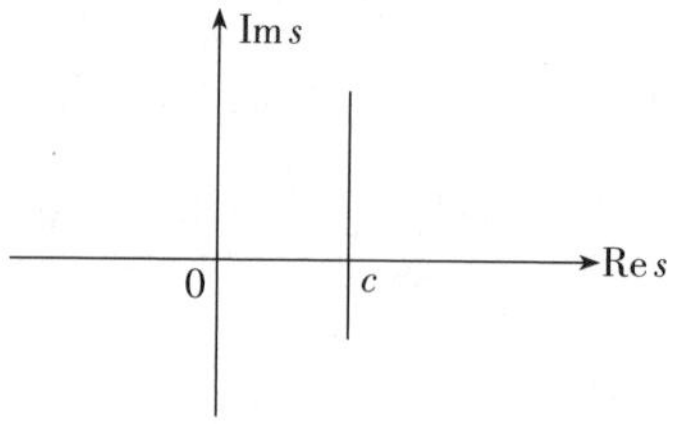

图3-34

定义3.5 由积分（3-52）给定的函数$F(s)$称为函数$f(t)$的拉普拉斯变换，简称拉氏变换；积分（3-53）称为拉普拉斯逆转积分，简称拉氏逆变换。两者分别用符号$\mathscr{L}$与$\mathscr{L}^{-1}$表示。

例3.13 求单位阶跃函数

$$\mathrm{H}(t)=\begin{cases}0, & t<0\\ 1, & t>0\end{cases}$$

的拉氏变换。

解 直接由拉氏变换定义式（3-52）得

$$\mathscr{L}[\mathrm{H}(t)]=\int_0^{\infty}1\cdot \mathrm{e}^{-st}\mathrm{d}t=-\frac{1}{s}\mathrm{e}^{-st}\Big|_0^{\infty}=\frac{1}{s}$$

作为验证，根据拉氏逆变换（3-53），有

$$\mathrm{H}(t)=\frac{1}{2\pi\mathrm{i}}\int_{c-\mathrm{i}\infty}^{c+\mathrm{i}\infty}\frac{\mathrm{e}^{st}}{s}\mathrm{d}s$$

需要说明，积分上式必然涉及复变函数理论，非工科读者学习重点，暂且从略，留待下章讨论。

例3.14 试求单位脉冲函数

$$\delta(t-t_0)=\begin{cases}0, & t\neq t_0\\ \infty, & t=t_0\\ \int_{-\infty}^{\infty}\delta(t-t_0)\mathrm{d}t=1\end{cases}$$

的拉氏变换。

解 根据给定条件，从拉氏变换的定义式（3-52），得

$$\mathscr{L}[\delta(t-t_0)]=\int_0^{\infty}\delta(t-t_0)\mathrm{e}^{-st}\mathrm{d}t=\mathrm{e}^{-st_0}$$

3.4.3 拉氏变换的性质

（1）线性性质。

设$\mathscr{L}[f_1(t)]=F_1(s)$，$\mathscr{L}[f_2(t)]=F_2(s)$，则

$$\mathscr{L}[af_1(t)+bf_2(t)]=aF_1(s)+bF_2(s)$$

$$\mathscr{L}^{-1}\left[F_1(s)+F_2(s)\right]=f_1(t)+f_2(t)$$

式中，a和b都是常数。

根据定义显然可见，拉氏变换是线性变换，上式是其必然具有的性质。

希望注意，分清线性和非线性十分重要。线性适用叠加原理，其数学表达式就是上列的第一个等式，而非线性则不适用。举例来说，请看如图3–35所示的电路。

① 在图3–35（a）所示的电路上，加电压$V=2$伏特，根据欧姆定律，流过的电流

$$I=\frac{V}{R}=\frac{2}{5}=0.4\text{（安培）}$$

此后，再加2伏特，因电压V与电流I是线性关系，据此，电流

$$I=0.4+0.4=0.8\text{(安培)}$$

② 再看图3–35（b），当$V=2$伏特时，流过电阻R的电流$I=0.4$安培，根据焦耳–楞次定律，其上消耗的能量

$$J=I^2R=0.4^2\times5=0.8\text{（焦耳）}$$

当电压V加倍时，$V=4$伏特，电阻R消耗的能量

$$J=0.8^2\times5=3.2\text{（焦耳）}$$

$$\neq\text{（}0.8+0.8\text{）（焦耳）}$$

可见，能量消耗I^2R因出现了I^2，对于电流来说是非线性的。

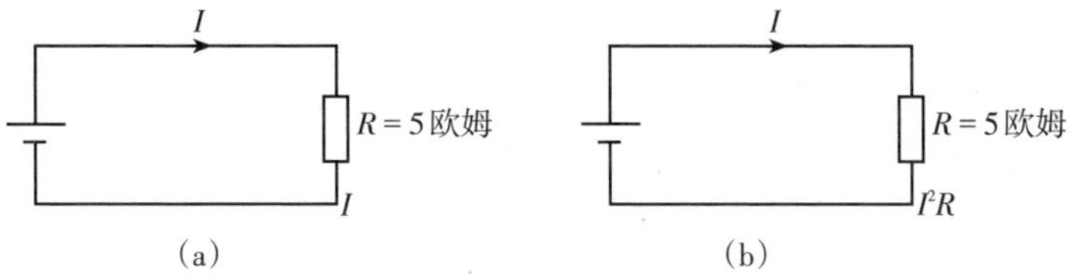

图3–35

读到这里，请闭目思考一下，拉氏变换还应有哪些重要的性质？想不起来，可以复习一下傅氏变换的性质。对，拉氏变换至少应具备微分性质。

（2）微分性质。

先不看书，自己回答拉氏变换的微分性质包含什么内容。如果答不上来，笔者的建议便是：复习一下拉氏变换的定义

$$F(s)=\int_0^{\infty}f(t)\mathrm{e}^{-st}\mathrm{d}t$$

$$f(t)=\frac{1}{2\pi\mathrm{i}}\int_{c-\mathrm{i}\infty}^{c+\mathrm{i}\infty}F(s)\mathrm{e}^{st}\mathrm{d}s$$

从后一个积分可见，拉氏变换的实质是将函数$f(t)$变换为由函数$F(s)\mathrm{e}^{st}$组成的

和式

$$f(t)\sim\sum_{s=-n}^{n}F(s)e^{st}$$

的极限状态。形式上对上式两边求对变量t的导数，看会得到什么样的结果。我们看到，正是拉氏变换的微分性质，只差一点而已。

若$\mathscr{L}[f(t)]=F(s)$存在，则

$$\mathscr{L}[f'(t)]=sF(s)-f(0)$$

证明 根据拉氏变换的定义，有

$$\begin{aligned}\mathscr{L}[f'(t)]&=\int_0^{\infty}f'(t)e^{-st}dt\\&=f(t)e^{-st}\Big|_0^{\infty}+s\int_0^{\infty}f(t)e^{-st}dt\\&=sF(s)-f(0)\end{aligned}\tag{3-54}$$

微分性质的证明十分容易，但结论却异常重要。想想看，函数$f(t)$经拉氏变换为$F(s)$后，其导数$f(s)$变换成了$sF(s)$（设$f(0)=0$）。究竟是求函数$f'(t)$容易还是在其变换$F(s)$上乘个s容易？当然是后者，而一切变换的真谛也在于此。今后即将借助上述微分性质求解微分方程。

显然，微分性质（3-54）可以推广至一般情况，即

$$\mathscr{L}[f^{(n)}(t)]=s^nF(s)-s^{(n-1)}f(0)-\cdots-f^{(n-1)}(0)\tag{3-55}$$

当初值

$$f(0)=f'(0)=\cdots=f^{(n-1)}(0)=0$$

时，有

$$\mathscr{L}[f^{(n)}(t)]=s^nF(s),\ n=1,\ 2,\ \cdots$$

例3.15 试求$\sin t$的拉氏变换。

解1 已知

$$(\sin t)'=\cos t,\ (\cos t)'=-\sin t,\ (\sin t)''=-\sin t$$

根据微分性质及上列最后等式，有

$$\begin{aligned}\mathscr{L}[(\sin t)'']&=s^2F(s)-s(\sin t)_{t=0}-(\sin t)'_{t=0}\\&=s^2F(s)-1=-F(s)=\mathscr{L}(-\sin t)\end{aligned}$$

简化后，得

$$\mathscr{L}(\sin t)F(s)=\frac{1}{s^2+1}$$

解2 直接由定义得

$$\mathscr{L}[\sin t]=\int_0^{\infty}\sin t\mathrm{e}^{-st}\mathrm{d}t=\mathrm{Im}\int_0^{\infty}\mathrm{e}^{\mathrm{i}t}\cdot\mathrm{e}^{-st}\mathrm{d}t$$

$$=\mathrm{Im}\left(\frac{\mathrm{e}^{(\mathrm{i}-s)t}}{\mathrm{i}-s}\right)\Bigg|_0^{\infty}=\mathrm{Im}\left(-\frac{1}{\mathrm{i}-s}\right)$$

$$=\frac{1}{s^2+1}$$

两种解法，难分伯仲。但是凡遇到正弦、余弦函数的积分，建议用 $\mathrm{e}^{\mathrm{i}\omega t}$ 替代，然后取积分的虚或实部，不易出错，且计算方便。

例3.16 试求指数函数 e^t 的拉氏变换。

解1 因已知

$$(\mathrm{e}^t)'=\mathrm{e}^t,\quad \mathrm{e}^t\big|_{t=0}=1$$

根据微分性质，有

$$\mathscr{L}[\mathrm{e}^t]=s\mathscr{L}[\mathrm{e}^t]-1$$

由上式，得

$$\mathscr{L}[\mathrm{e}^t]=\frac{1}{s-1}$$

解2 直接由定义有

$$\mathscr{L}(\mathrm{e}^t)=\int_0^{\infty}\mathrm{e}^t\mathrm{e}^{-st}\mathrm{d}t=\frac{\mathrm{e}^{t-st}}{1-s}\Bigg|_0^{\infty}$$

$$=\frac{1}{s-1}$$

同解1的答案一样。

看完此例后，有个想法，是否存在 $f(t)$ 能满足如下两个条件？即

$$f'(t)=f(t),\quad f(0)=0$$

若存在这样的函数 $f(t)$，则根据微分性质，应有

$$\mathscr{L}[f'(t)]=\mathscr{L}[f(t)],\quad sF(s)=F(s)$$

因 $s\neq0$，上式矛盾。所以，不存在这样的函数。这种说法对不对？读者求解一下微分方程

$$\frac{\mathrm{d}f(t)}{\mathrm{d}t}=f(t),\quad f(0)=0$$

便可揭开谜底。

知道了拉氏变换具有微分性质，猜猜看，还应该具有什么性质？积分性质，因为积分和微分是相伴而生的。再猜猜看，积分性质包含什么内容？因微分性质的实质是

$$\mathscr{L}\left[f'(t)\right]=s\mathscr{L}\left[f(t)\right]-f(0)$$

则积分性质似应为

$$\mathscr{L}\left[f(t)\right]=\frac{1}{s}\left(\mathscr{L}\left[f'(t)\right]+f(0)\right) \tag{3-56}$$

猜得对不对，请往下看。

（3）积分性质。

若 $\mathscr{L}\left[f(t)\right]=F(s)$ 存在，则

$$\mathscr{L}\left[\int_0^t f(t)\mathrm{d}t\right]=\frac{1}{s}F(s) \tag{3-57}$$

例3.17 试求幂函数$f(t)=t^n$（n为大于1的正整数）的拉氏变换。

已知幂函数t^n的导数也是幂函数，且

$$\left(t^n\right)^{(n)}=n\left(t^{n-1}\right)^{(n-1)}=\cdots=n!,\quad t^n\big|_{t=0}=0 \tag{3-58}$$

因此，求其拉氏变换既可用积分性质，也可用微分性质，如下所述。

解1 刚讲过积分性质，就先用它。由此

$$\mathscr{L}[1]=\int_0^{\infty}1\cdot \mathrm{e}^{-st}\mathrm{d}t=-\frac{\mathrm{e}^{-st}}{s}\bigg|_0^{\infty}=\frac{1}{s}$$

由于

$$t=\int_0^t 1\mathrm{d}t$$

根据积分性质，有

$$\mathscr{L}[t]=\frac{\mathscr{L}[1]}{s}=\frac{1}{s^2}$$

由于

$$t^2=2\int_0^t t\mathrm{d}t$$

又有

$$\mathscr{L}[t^2]=2\frac{\mathscr{L}[t]}{s}=\frac{2}{s^3}$$

从以上结果不难推知

$$\mathscr{L}[t^n]=\frac{n!}{s^{n+1}}$$

解2 利用微分性质及等式（3-58），有

$$\mathscr{L}[t]=s\mathscr{L}[1]=\frac{1}{s^2}$$

$$\mathscr{L}[t^2]=s\mathscr{L}[2t]=\frac{2}{s^3},\quad \mathscr{L}[t^3]=s\mathscr{L}[3!t]=\frac{3!}{s^4}$$

从以上结果不难推知

$$\mathscr{L}[t^n] = \frac{n!}{s^{n+1}}$$

上述两种解法如出一辙，犹如微分与积分，互为表里。

写到这里，忽然想起积分性质（3–56）和教科书上的结论（3–57）不尽相同。难道我们的猜想错了？孰是孰非，还是让实例说话。

例3.18　试求函数e^t的拉氏变换。

解　显然可知，指数函数按积分性质中的证明，有

$$\int_0^t e^t dt = e^t$$

根据积分性质得

$$\mathscr{L}[e^t] = \frac{\mathscr{L}[e^t]}{s}$$

上式一看就有问题，因为$\mathscr{L}[e^t]$不可能为零，经简化后，变成$1 = \frac{1}{s}$，矛盾。

例3.19　试求$f(t) = \cos t$的拉氏变换。

解　已知

$$\cos t = \int(-\sin t)dt$$

根据积分性质，有

$$\mathscr{L}[\cos t] = \frac{\mathscr{L}[-\sin t]}{s} = \frac{1}{s}\left(\frac{-1}{s^2+1}\right) = \frac{-1}{s(s^2+1)}$$

但是在例3.15中

$$\mathscr{L}[\sin t] = \frac{1}{s^2+1}$$

而$(\sin t)' = \cos t$，根据微分性质，应为

$$\mathscr{L}[\cos t] = s\mathscr{L}[\sin t] = \frac{s}{s^2+1}$$

两个关于$\mathscr{L}[\cos t]$的答案互不相同，又出现了问题。

从例3.18和例3.19的结果看，教科书上的积分性质值得怀疑。回头再来看我们对积分性质的猜想等式（3–56）：

$$\mathscr{L}[f(t)] = \frac{1}{s}\left(\mathscr{L}[f'(t)] + f(0)\right)$$

上式等同于

$$\mathscr{L}\left[\int f(t)dt\right] = \frac{1}{s}\left(\mathscr{L}[f(t)] + f(0)\right) \tag{3–59}$$

现在就用我们猜想的积分性质求例3.18中函数e^t的拉氏变换。根据式（3–59），有

$$\begin{aligned}\mathscr{L}[e^t] &= \frac{1}{s}\left(\mathscr{L}[e^t] + e^t\big|_{t=0}\right) \\ &= \frac{1}{s}\left(\frac{1}{s-1}+1\right) = \frac{1}{s-1}\end{aligned}$$

答案是正确的。

同样，再求例3.19中函数$f(t)=\cos t$的拉氏变换。根据式（3–59），得

$$\begin{aligned}\mathscr{L}[\cos t] &= \frac{1}{s}\left(\mathscr{L}\left[\int(-\sin t)\mathrm{d}t\right] + \cos t\big|_{t=0}\right) \\ &= \frac{1}{s}\left(-\frac{1}{s^2+1}+1\right) = \frac{s}{s^2+1}\end{aligned}$$

答案是正确的。

上列两例一致证实我们的猜想式（3–59）是正确的，而教科书上关于拉氏变换积分性质的论断存在瑕疵，毛病出在哪里？请看教科书上对积分性质的证明，根据分部积分法，有

$$\begin{aligned}\mathscr{L}\left[\int_0^1 f(u)\mathrm{d}u\right] &= \int_0^\infty e^{-st}\mathrm{d}t\int_0^t f(u)\mathrm{d}u \\ &= \left[-\frac{1}{s}e^{-st}\int_0^t f(u)\mathrm{d}u\right]_0^\infty + \int_0^\infty \frac{1}{s}e^{-st}f(t)\mathrm{d}t\end{aligned} \tag{3-60}$$

式（3–60）右端第一项等于零，因此

$$\mathscr{L}\left[\int_0^1 f(u)\mathrm{d}u\right] = \frac{1}{s}\mathscr{L}[f(t)]$$

从以上证明可见，它认为等式（3–60）右端第一项等于零，像幂函数

$$f(t)=t^n,\ (t^n)_{t=0}=0$$

满足这样的条件，积分性质成立。但是，函数$f(t)=e^t$，余弦函数$f(t)=\cos t$都不满足这样的条件，积分性质显然不能成立。改正办法也很简单。恕笔者冒昧，在考虑初值的情况下提出：

新积分性质 设有函数$f(t)$，其不定积分

$$\int f(t)\mathrm{d}t = g(t)+C$$

式中，C为积分常数，则其积分的拉氏变换应为

$$\mathscr{L}\left[\int_0^t f(t)\mathrm{d}t\right] = \frac{1}{s}\mathscr{L}[f(t)+f(0)] \tag{3-61}$$

原有的积分性质出现差错，可能是头一个作者一时疏忽，只证明了其中一个特例，即

$$f(0)=0$$

的特例，后来的作者又迷信书本，以致以讹传讹，时至今日。写到此处，不禁想到一位大师，他说，治学之道应是“无疑处有疑”，谨录于此，同读者同享。

拉氏变换具有不少性质，下面再列举几条。若记 $\mathscr{L}[f(t)]=F(s)$，则

$$\mathscr{L}[f(at)]=\frac{1}{a}F\left(\frac{s}{a}\right) \tag{3-62}$$

$$\mathscr{L}[tf(t)]=-F'(s) \tag{3-63}$$

$$\mathscr{L}\left[\frac{f(t)}{t}\right]=\int_0^{\infty}F(s)\mathrm{d}s \tag{3-64}$$

上列性质证明不难，本书从略，但对于工科读者而言，建议一遇到新的数学结论，先进行思考：为什么会有这样的结论？

3.4.4 卷积

3.4.4.1 概述

卷积是什么？一言难尽，看似抽象，却很具体。看完下面的例子后，再谈看法。

在引入单位脉冲函数 $\delta(t)$ 时，曾讲过吃馒头的例子。这里再讲一次，但吃法变了，不是一口吞下，而是不断地细嚼慢咽。整个馒头共重50克，一个人吃了足足10分钟，具体情况如图3-36（a）所示。从图上可见，馒头并非匀速地进入胃里，头一分钟是平均约7克，而后随时间变化，如曲线所示，到第10分钟结束。一经吃完，他马上想到一个问题：原来馒头计重50克，现在我的胃里究竟还剩多少克？一同进餐的诸君竟无言以对。

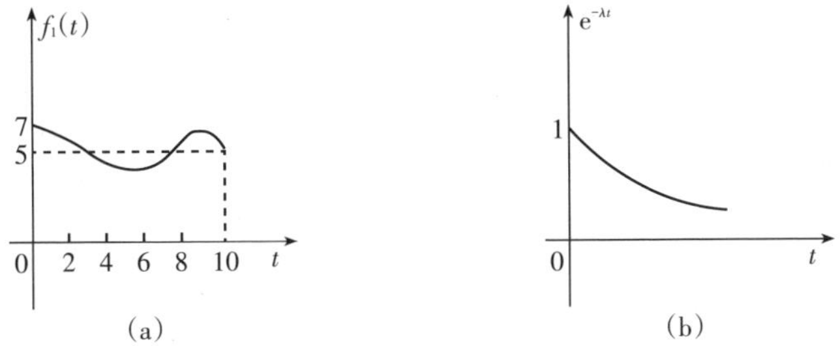

图3-36

事后，一位数学家听说无人能对上述问题给出正确的答案，笑道：“这有何难？这不就是‘卷积’嘛。”卷积是什么意思？其定义如下所述。

3.4.4.2 定义

设有两个函数 $f_1(t)$ 和 $f_2(t)$，则积分

$$g(x)=\int_{-\infty}^{\infty}f_1(t)f_2(x-t)\mathrm{d}t \tag{3-65}$$

称为函数 $f_1(t)$ 和 $f_2(t)$ 的卷积，记作 $f_1(t)*f_2(t)$。

知道了卷积，可以来回答上述问题了。在回答之前，要作个假设：馒头在胃里的消化是按指数函数

$$f_2(t)=e^{-\lambda t} \tag{3-66}$$

递减的。式中 $\lambda>0$，是个常数，λ越大，消化能力越强，反之越弱。函数$f_2(t)$如图3-36（b）所示。

这里需要谈一个实用的概念：多数事物变化的速度，增加或者减少，与其自身的大小成比例。量化之后为

$$\frac{dy(t)}{dt}=\lambda y(t) \tag{3-67}$$

式中，函数$y(t)$代表某一事物在时刻t的大小，λ是个常数，大于零表示事物在增长，小于零表示在减少。从式（3-67）得

$$y(t)=y(0)e^{\lambda t}$$

这与刚才我们假设的馒头在胃里消化的表达式是相符的。

一切就绪，现在可以回答馒头在吃进胃里10分钟后究竟还剩多少的问题了。为此，分述如下：

（1）馒头并非一口吞下，是连续吃进胃里的，因此每一克馒头在胃里消化的时间各不相同。

（2）设吃第一口馒头的时刻为$t=0$，吃的量为$f_1(0)$，参见图3-36（a）。10分钟后，经过消化还余留在胃里的馒头量按指数递减式（3-66）应为$f_1(0)e^{-10\lambda}$，在$t=1$时吃下的馒头$f_1(1)$，经过9分钟的消化，余留的馒头量则应为$f_1(1)e^{-\lambda(10-1)}$，并以此类推。

（3）同理可知，在任一时刻$t(t<10)$吃下的馒头量为$f_1(t)$，而在$t=10$时余下的馒头量为$f_1(t)e^{-\lambda(10-t)}$。由于吃馒头的过程是从$t=0$开始，到$t=10$结束的，根据上述分析，显然可知上述问题的答案，则10分钟后余留在胃里的馒头量为

$$g(10)=\int_0^{10}f_1(t)e^{-\lambda(10-t)}dt \tag{3-68}$$

请注意，等式（3-68）就是函数$f_1(t)$和函数$e^{-\lambda t}$的卷积$f_1(t)*e^{-\lambda t}$，在将它同卷积（3-65）比较之后，读者可能还存有疑虑。释疑之前，让我们先把吃馒头的问题讲完。

为具体起见，假设整个馒头是匀速地在10分钟内被吃完的，即每分钟吃5克，这时

$$f_1(t)=5,\quad 0\leqslant t\leqslant 10$$

再设$\lambda=1$，则由等式（3-68）得

$$g(10)=\int_0^{10} 5\mathrm{e}^{-t}\mathrm{d}t=5(1-\mathrm{e}^{-10})\approx 5$$

答案出来了，胃里余下的馒头约为5克，是整个馒头的 $\frac{1}{10}$ 。如果用1分钟吃完，则

$$g(1)=\int_0^{1} 50\mathrm{e}^{-t}\mathrm{d}t=50(1-\mathrm{e}^{-1})\approx 34$$

胃里余留的馒头约34克，是整个馒头的 $\frac{2}{3}$ 。两者对比，是狼吞还是慢咽，优劣自见。

虚构一个故事，传说女娲用五色石补天，费时万年，请回答再过万年之后，补天的色彩如何？若用卷积求解此题，则积分的上下限为万年。干脆，将积分上下限改成无穷大，任何情况下都能适用。于是有了如下的卷积

$$f_1(t)*f_2(t)=\int_{-\infty}^{\infty} f_1(t)f_2(x-t)\mathrm{d}t$$

很多工程实际问题同吃馒头的例子如出一辙，卷积的重要性为分析和解决工程问题提供了明晰的思路。现举例说明如下。

例3.20 如图3–37所示，由电感和电阻串联而成的电路，外加电压为 $v(t)$，试求电流 $i(t)$。

此例存在两个看点：一是用拉氏变换求解微分方程的优越性，二是用卷积概念分析线性系统的清晰性，因此存在两种解法。

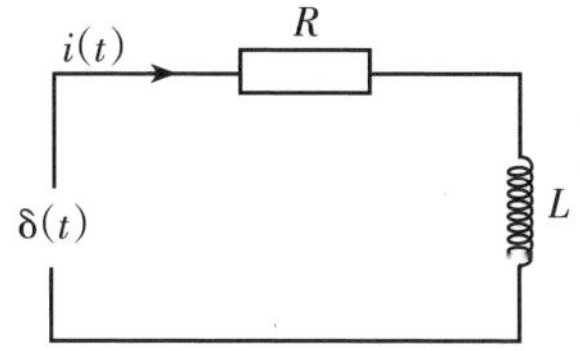

图3–37

解1 设外加电压为单位脉冲，即

$$v(t)=\delta(t)$$

如图3–37所示。由电工原理可知，电流 $i(t)$ 服从如下一个微分方程

$$L\frac{\mathrm{d}i}{\mathrm{d}t}+Ri=\delta(t) \tag{3–69}$$

方程两边同时取拉氏变换，得

$$Li(s)+Ri(s)=1$$

此时，用到了拉氏变换的线性性质和微分性质。另外，$i(s)$ 是 $i(t)$ 的拉氏变换，等式右边是加的脉冲函数 $\delta(t)$ 的拉氏变换，在例3.14中已知

$$\mathscr{L}\left[\delta\left(t-t_0\right)\right]=\mathrm{e}^{-st_0}$$

据此可知

$$\mathscr{L}\left[\delta\left(t-t_0\right)\right]\Big|_{t_0=0}=\mathscr{L}\left[\delta(t)\right]=-st_0\Big|_{t_0=0}=1$$

再有，在加脉冲电压之前，电路中没有电流，因此，在方程（3–69）中不存在初始电流，即

$$i(0)=0$$

对方程（3–69）取拉氏变换，有

$$Lsi(s)+Ri(s)=1$$

由此得电流$i(t)$的拉氏变换

$$i(s)=\frac{1}{Ls+R}=\frac{1}{L}\cdot\frac{1}{s+R/L}$$

取逆变换，参阅本章3.4.6节的拉氏变换表，可知电流

$$i(t)=\frac{1}{L}\cdot\mathrm{e}^{-\frac{Rt}{L}} \tag{3–70}$$

此例简单而且典型，对用拉氏变换求解微分方程的步骤展示无遗，并告知读者：一个线性常微分方程在脉冲函数 $\delta(t)$的作用下其解必然是指数函数的线性组合。

解2　此时的电路方程为

$$L\frac{\mathrm{d}i}{\mathrm{d}t}+Ri=v(t) \tag{3–71}$$

其中，$v(t)$ 是外加电压。若设

$$\mathscr{L}\left[v(t)\right]=v(s)$$

则从上式可得

$$i(s)=\frac{1}{Ls+R}v(s) \tag{3–72}$$

设电压$v(t)$的曲线如图3–38（a）所示。电路在脉冲电压 $\delta(t)$作用下的解如图3–38（b）所示。

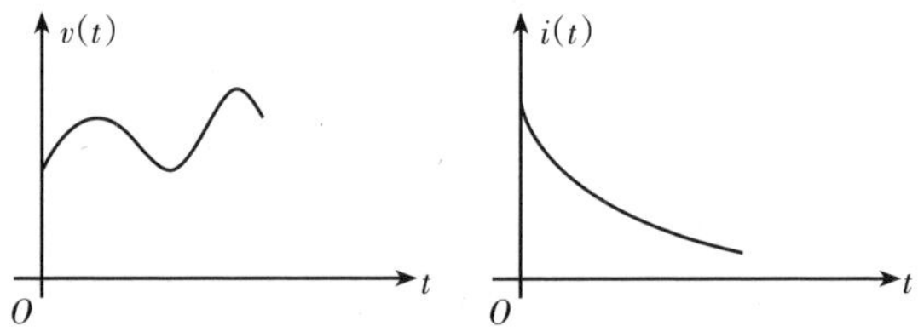

（a）　　（b）

图3–38

有了以上说明，现在开始求方程（3-71）的解，其思路同吃馒头的例子一模一样。假想图3-38（a）的电压$v(t)$曲线如同吃馒头的曲线，图3-38（b）的曲线是消化馒头的曲线。

在$t=0$时，在电路图3-37上加电压$v(t)$，需要计算在10分钟时，电路的电流$i(10)$。试想一下，在$t=0$时的脉冲电压为$v(0)$（如同吃的头一口馒头），等过了10分钟后，在电路中引发的电流是多少？参见等式（3-70）应该是

$$i(10)=v(0)\frac{1}{L}\mathrm{e}^{-\frac{10R}{L}}$$

同理，在$t=1$时，电压$v(1)$过了9分钟后在电路中引发的电流应该是

$$i(10)=v(1)\frac{1}{L}\mathrm{e}^{-\frac{(10-1)R}{L}}$$

显然，根据卷积的定义，当$t=0$时，电路加上电压$v(t)$的10分钟后，其中流过的电流

$$i(10)=\int_0^{10}v(t)\frac{1}{L}\mathrm{e}^{-\frac{(10-t)R}{L}}\mathrm{d}t$$

不言而喻，上式不仅适用于$t=10$，对任何时刻x也可一般化为

$$i(x)=\int_0^{x}v(t)\frac{1}{L}\mathrm{e}^{-\frac{(x-t)R}{L}}\mathrm{d}t \tag{3-73}$$

式（3-73）中，$i(x)$为$t=x$时的电流。

至此，问题已经解决，但有必要说明：

对比等式（3-72）和等式（3-73），易知

$$\mathscr{L}[i(x)]=i(s)$$

这就是说，$i(s)$的拉氏逆变换便是积分（3-73）所示的电流。

例3.21 电路如图3-37所示，为简化计算，设其中的电感$L=1$亨利，电阻$R=1$欧姆，外加电压$v(t)=t$，试求流过电路的电流$i(t)$。

解1 据电工原理，此时有

$$\frac{\mathrm{d}i}{\mathrm{d}t}+i=t \tag{3-74}$$

对式（3-74）两边取拉氏变换，得

$$si(s)+i(s)=\frac{1}{s^2},\quad \frac{1}{s^2}=\mathscr{L}[t]$$

由此可知电流$i(t)$的拉氏变换

$$i(s)=\frac{1}{(s+1)s^2} \tag{3-75}$$

为求其拉氏逆变换，必须将式（3-75）右边分解成简单分式，设

$$\frac{1}{(s+1)s^2}=\frac{a}{s+1}+\frac{bs+c}{s^2} \tag{3-76}$$

其中，a、b和c是待定常数。利用部分分式法求待定常数的手段，有

$$a=(s+1)\left[\frac{1}{(s+1)s^2}-\frac{bs+c}{s^2}\right]\Bigg|_{s=-1}$$

$$=(s+1)\left[\frac{1}{(s+1)s^2}\right]\Bigg|_{s=-1}=1$$

在等式（3-76）两端，令$s\to\infty$，有

$$\left.\frac{1}{s^3}\right|_{s\to\infty}=\left(\frac{a}{s}+\frac{b}{s}\right)\Bigg|_{s\to\infty}=0$$

据上式可知

$$a+b=0,\ b=-a=-1$$

再令$s\to0$，又有

$$\left.\frac{1}{s^2}\right|_{s\to0}=\left(a+\frac{c}{s^2}\right)\Bigg|_{s\to0}$$

据此可知$c=1$。综上所述

$$i(s)=\frac{1}{s+1}-\frac{1}{s}+\frac{1}{s^2}$$

再求上式的拉氏逆变换，则得方程（3-74）的解

$$i(t)=\mathscr{L}^{-1}[i(s)]=\mathscr{L}^{-1}\left[\frac{1}{s+1}\right]+\mathscr{L}\left[\frac{-1}{s}\right]+\mathscr{L}^{-1}\left[\frac{1}{s^2}\right]$$

$$=\mathrm{e}^{-t}+t-1 \tag{3-77}$$

借此机会附带说明一下，就此例而言，求部分分式的待定系数宜用比较系数法，将等式（3-76）右方通分后，得

$$\frac{1}{(s+1)s^2}=\frac{(a+b)s^2+(b+c)s+c}{(s+1)s^2}$$

比较上式分子的系数，有

$$a+b=0,\ b+c=0,\ c=1$$

由此可知

$$a=1,\ b=-1,\ c=1$$

这同前面的结果一样，但更简单。此外，在等式（3-76）两边同乘以s^2，得

$$\frac{1}{s+1}=\frac{as^2}{s+1}+bs+c$$

令上式中$s=0$，立即可知

$$c=1$$

这更简单。总之，求待定系数法的技巧多种多样，有兴趣的读者可以参考一下拙著《高数笔谈》。

解2　前面用的是拉氏变换，下面要用卷积解法，证实两者异曲同工。

根据卷积的定义，方程（3-74）的解就是积分（3-73）的解。

$$\begin{aligned} i(x) &= \int_0^x t\mathrm{e}^{-(x-t)}\mathrm{d}t \\ &= \int_0^x \mathrm{e}^{-x} t\mathrm{e}^{t}\mathrm{d}t = \mathrm{e}^{-x}\left[\mathrm{e}^{t}(t-1)\right]\Big|_0^x \\ &= \mathrm{e}^{-x} + x - 1 \end{aligned}$$

上式与解1中的等式（3-77）完全一致，证实了我们的说法，对以后理解卷积的一般性质很有益处。

当包含的函数比较复杂时，卷积的计算将十分困难，甚至可能无法进行到底。因此，如有其他选项，一般不用卷积。但是，它至少提供了一种形式上的解，且在其他解法束手无策时，可用来求近似解。

3.4.4.3　卷积的性质

卷积的主要性质有如下三条：

（1）结合律。

$$f_1(t)*(f_2(t)*f_3(t)) = (f_1(t)*f_2(t))*f_3(t)$$

（2）分配律。

$$f_1(t)*(f_2(t)+f_3(t)) = f_1(t)*f_2(t)+f_1(t)*f_3(t)$$

（3）交换律。

$$f_1(t)*f_2(t) = f_2(t)*f_1(t)$$

以上性质证明都很容易，留给读者，但要对交换律多说几句。实际上，其积分形式为

$$\int_{-\infty}^{\infty} f_1(t)f_2(x-t)\mathrm{d}t = \int_{-\infty}^{\infty} f_2(t)f_1(x-t)\mathrm{d}t \tag{3-78}$$

试设想，函数$f_1(t)$和$f_2(t)$的图形如图3-39所示，请问下面的等式

$$\begin{aligned} &f_1(1)f_2(x)+f_1(2)f_2(x-1)+\cdots+f_1(x)f_2(1) \\ =&f_2(1)f_1(x)+f_2(2)f_1(x-1)+\cdots+f_2(x)f_1(1) \end{aligned}$$

是否成立？能否像将傅氏级数转化为傅氏积分那样把上列等式转化为两个积分？能的话，得到的结果是不是就证实了交换律等式（3-78）？

刚才提出的问题，答案是肯定的，这实际上正是交换律的直观解释。希望读者予以理解。如果自己能想个例子，如吃馒头之类，则收效更丰。

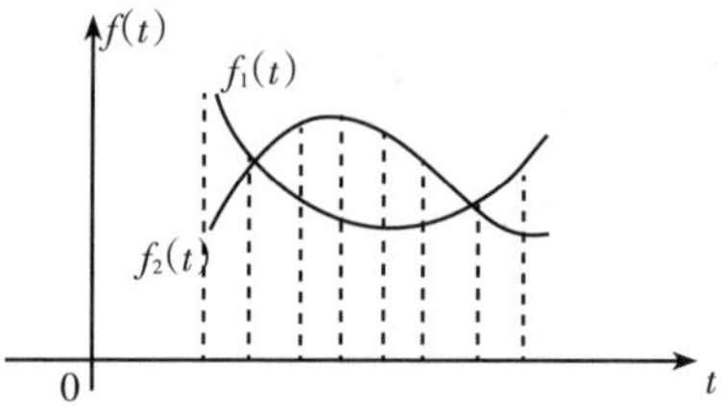

图 3–39

3.4.4.4　卷积定理

设函数$f_1(t)$和$f_2(t)$存在拉氏变换

$$\mathscr{L}\left[f_1(t)\right]=F_1(s),\ \mathscr{L}\left[f_2(t)\right]=F_2(s)$$

则其卷积的拉氏变换

$$\mathscr{L}\left[f_1(t)*f_2(t)\right]=F_1(s)F_2(s) \tag{3-79}$$

上述结果称为卷积定理。若写成积分形式

$$\mathscr{L}\left[\int_0^t f_1(u)f_2(t-u)\mathrm{d}t\right]=F_1(s)F_2(s) \tag{3-80}$$

则大家应该记忆犹新。在上一节我们对比过等式（3–72）和等式（3–73），得到

$$\mathscr{L}\left[i(x)\right]=i(s) \tag{3-81}$$

这事实上已经是特殊情况下的卷积定理了，为加深印象，再作一般性的解说如下。

试用拉氏变换求解方程

$$\frac{\mathrm{d}^2 i}{\mathrm{d}t^2}=a_1\frac{\mathrm{d}i}{\mathrm{d}t}+a_2 i=v(t) \tag{3-82}$$

这是个常系数线性二阶微分方程，其原型是一个由电感L、电容C和电阻R串联组成的电路。如图 3–40 所示。求电路在外加电压$v(t)$的作用下，流经电路的电流$i(t)$。现分三步阐述如下。

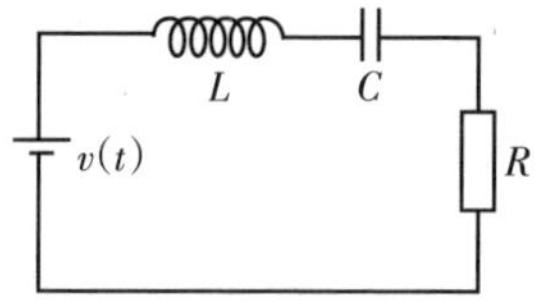

图 3–40

（1）设 $v(t)=\delta(t)$，这时方程（3–82）化为

$$\frac{\mathrm{d}^2 \bar{i}}{\mathrm{d}t^2}+a_1\frac{\mathrm{d}\bar{i}}{\mathrm{d}t}+a_2\bar{i}=\delta(t)$$

对上式两边取拉氏变换，得

$$s^2\bar{i}(s)+a_1s\bar{i}(s)+a_2\bar{i}(s)=1$$

由此，有

$$\bar{i}(s)=\frac{1}{s^2+a_1s+a_2}$$

求上式的拉氏逆变换，得

$$\mathscr{L}^{-1}\left[\frac{1}{s^2+a_1s+a_2}\right]=\mathscr{L}^{-1}\left[\bar{i}(s)\right]=\bar{i}(t)$$

式中，$\bar{i}(t)$ 就是脉冲电压 $\delta(t)$ 在电路中引发的电流。

（2）记外加电压$v(t)$的拉氏变换为$v(s)$，则对方程

$$\frac{\mathrm{d}^2i}{\mathrm{d}t^2}+a_1\frac{\mathrm{d}i}{\mathrm{d}t}+a_2i=v(t)$$

取拉氏变换整理后，得

$$i(s)=\frac{1}{s^2+a_1s+a_2}v(s) \tag{3-83}$$

求式（3–83）的逆变换，就是外加电压$v(t)$在电路中引发的电流，记为$i(t)$，即

$$\mathscr{L}^{-1}\left[\frac{1}{s^2+a_1s+a_2}v(s)\right]=\mathscr{L}^{-1}\left[i(s)\right]=i(t)$$

（3）参阅例3.20中解2的分析，并根据卷积的定义，可知$i(t)$就是外加电压$v(t)$和由脉冲电压 $\delta(t)$所引发的电流 $\bar{i}(t)$ 两者的卷积，即

$$i(t)=\int_0^t v(u)\bar{i}(t-u)\mathrm{d}u=v(t)*\bar{i}(t) \tag{3-84}$$

综合等式（3–83）和等式（3–84），显然可知

$$\begin{aligned}\mathscr{L}\left[i(t)\right]&=\mathscr{L}\left[\bar{i}(t)*v(t)\right]\\&=i(s)=\frac{1}{s^2+a_1s+a_2}v(s)\end{aligned} \tag{3-85}$$

式（3–85）实际上正是卷积定理。

卷积定理的数学证明在教材里有详细的推导，本书不需赘言。以上阐述作为“工程证明”无懈可击，提供给大家在学习时参考。

再多说几句，笔者有个习惯：问题得到解决后，必须验证。将解代回原来的等式或不等式，看是否满足，这固然不错，但有时麻烦。宜先查看特殊情况，如上列各例必须满足初始条件：

$$i(0)=0$$

在常见的电路中，如果外加电压持续时间有限，则当$t\to\infty$时，电流应趋于

零。否则，答案必然有错，一定要找出错在何处，以利于培养自己的运算和判断能力。

3.4.5 拉氏变换的应用

拉氏变换应用广泛，常见的有两大方面：

（1）求解微分方程，主要是线性方程，包括偏微分方程。

（2）用作对线性系统的分析，以系统各组成单位的传递函数形式出现，方便实用，不可或缺。

前面讨论过许多例子，其实都是用拉氏变换求解常系数线性微分方程，但强调不够，现在再举两个例子，予以较全面的论述。

例3.22 设有电路，如图3–40所示，试求电路在静态下外加电压

$$v(t)=E\sin\omega t$$

时，流入电路的电流$i(t)$。

解 根据电工原理，存在如下方程

$$L\frac{\mathrm{d}i}{\mathrm{d}t}+Ri+\frac{1}{C}\int_0^t i(t)\mathrm{d}t=E\sin\omega t \tag{3-86}$$

式中，$L\frac{\mathrm{d}i}{\mathrm{d}t}$是电感上的电动势，方向如图3–40所示；$Ri$是电阻上的电压降，方向也如图3–40所示；$\frac{1}{C}\int_0^t i(t)\mathrm{d}t$是电容上的电压，方向也如图3–40所示。

电感L上的电动势，电阻上的电压降，电容C上的电压，三者之和正好等于外加的电压$E\sin\omega t$，其引发的电流$i(t)$现用拉氏变换分步求解如下。

（1）记$i(t)$的拉氏变换

$$\mathscr{L}[i(t)]=i(s)$$

对方程（3–86）两端取拉氏变换，得

$$Lsi(s)+Ri(s)+\frac{i(s)}{Cs}=E\frac{\omega}{s^2+\omega^2}$$

由于加电压前，电路处于静态，所以上式中不含初始电流$i(0)$。将上式略加整理，则可求出电流$i(t)$的拉氏变换

$$i(s)=\frac{s}{LCs^2+RCs+1}+\frac{EC\omega}{s^2+\omega^2}$$

下一步就是求$i(s)$的逆变换，即电流$i(t)$。

（2）为具体起见并不失一般性，设$E=10$伏特，$\omega=2$弧度，$L=3$亨利，

$R=4$欧姆，$C=1$法拉，则上式化为

$$i(s)=\frac{s}{3s^2+4s+1}\cdot\frac{20}{s^2+4}$$
$$=\frac{20s}{(3s+1)(s+1)(s^2+4)} \tag{3-87}$$

为求逆变换，这一步是关键：将式（3-87）右边化为简单分式，具体步骤如下：

① 将分母化为一次式或二次式等简单分式之和，且分母比分子次数高：

$$\frac{20s}{(3s+1)(s+1)(s^2+4)}=\frac{a}{3s+1}+\frac{b}{s+1}+\frac{cs+d}{s^2+4} \tag{3-88}$$

其中，a、b、c和d是待定常数。

② 求待定系数存在多种方法，建议在求分母为一次式，如式（3-88）中的

$$\frac{a}{3s+1},\quad \frac{b}{s+1}$$

的待定系数a或b时，先用分母（$3s+1$）或（$s+1$）乘等式两端，接着令该分母

$$3s+1=0,\quad s+1=0$$

例如

$$(3s+1)\cdot\frac{20s}{(3s+1)(s+1)(s^2+4)}=(3s+1)\left(\frac{a}{3s+1}+\frac{b}{s+1}+\frac{cs+d}{s^2+4}\right)$$

在上式两端令

$$3s+1=0,\quad s=-\frac{1}{3}$$

得

$$\left.\frac{20s}{(s+1)(s^2+4)}\right|_{s=-\frac{1}{3}}=a+(3s+1)\left.\left(\frac{b}{s+1}+\frac{cs+d}{s^2+4}\right)\right|_{s=-\frac{1}{3}}$$

由此有

$$a=\frac{20\times\left(-\frac{1}{3}\right)}{\left(-\frac{1}{3}+1\right)\left[\left(-\frac{1}{3}\right)^2+4\right]}=-\frac{90}{37}$$

同理，

$$b=\left.\frac{20s}{(3s+1)(s^2+4)}\right|_{s=-1}=2$$

求余下两个待定系数，可以用“令s取特殊值”的办法，比如求待定系数d，令等式（3-88）两边的$s=0$，得

$$0=a+b+\frac{d}{4}$$

由此有

$$d=-4(a+b)=-4\times\left(-\frac{90}{37}+2\right)=\frac{64}{37}$$

求待定系数c，令等式（3–88）两边的$s\to\infty$，有

$$0=\lim_{s\to\infty}\left(\frac{a}{3s}+\frac{b}{s}+\frac{c}{s}\right)=\lim_{s\to\infty}\frac{1}{s}\left(\frac{a}{3}+b+c\right)$$

从上式可知

$$\frac{a}{3}+b+c=0$$

$$c=-\frac{1}{3}(a+3b)=-\frac{1}{3}\times\left(-\frac{90}{37}+6\right)=-\frac{44}{37}$$

将其代入等式（3–88），最后得

$$\frac{20s}{(3s+1)(s+1)(s^2+4)}=-\frac{90}{37(3s+1)}+\frac{2}{s+1}-\frac{44s-64}{37(s^2+4)} \tag{3-89}$$

到此，请注意两件事：

① 想想看，计算部分分式的待定系数还有无更方便的办法？既然求分母为一次式的待定系数，例3.22中的a和b，如此简单，那么在求分母为二次式的待定系数时照章处理行不行？不妨一试。

在等式（3–88）两边同时乘以s^2+4，并令$s^2+4=0$，有

$$(s^2+4)\frac{20s}{(3s+1)(s+1)(s^2+4)}=(s^2+4)\left(\frac{a}{3s+1}+\frac{b}{s+1}+\frac{cs+d}{s^2+4}\right)\bigg|_{s^2+4=0}$$

取$s=2\mathrm{i}$，满足$s^2+4=0$的条件，代入上式，得

$$\frac{40\mathrm{i}}{(6\mathrm{i}+1)(2\mathrm{i}+1)}=2c\mathrm{i}+d$$

将上式右端化简，实部同虚部分开，得

$$\frac{-440\mathrm{i}+320}{185}=2c\mathrm{i}+d$$

由此知

$$c=-\frac{44}{37},\quad d=\frac{64}{37}$$

这与刚才的结果完全吻合，两种做法孰优孰劣，得视具体情况而论。

② 再者是，计算待定系数一不小心就会出错，对所得到的结果必须核实。方法很多，最安全的是将已化简的分式通分，比较分子的系数。就例3.22而论，则有

$$\frac{20s}{(3s+1)(s+1)(s^2+4)}=\frac{a}{3s+1}+\frac{b}{s+1}+\frac{cs+d}{s^2+4}$$
$$=\frac{(a+3b+3c)s^3+(a+b+3d+4c)s^2+(4a+12b+c+4d)s+(4a+4b+d)}{(3s+1)(s+1)(s^2+4)}$$

比较分子的系数应有

$$a+3b+3c=0,\ a+b+3d+4c=0$$
$$4a+12b+c+4d=20,\ 4a+4b+d=0$$

其实，联立求解上列4个方程就能求出4个待定系数。但是，这样做工作量太大，非特殊场合，不宜使用。建议采取令s取特定值的做法，如取$s=0$代入等式（3–89）两边，看等式是否成立：

$$\left.\frac{20s}{(3s+1)(s+1)(s^2+4)}\right|_{s=0}=\left.\left[-\frac{90}{37(3s+1)}+\frac{2}{s+1}-\frac{44s-64}{37(s^2+4)}\right]\right|_{s=0}$$

即

$$0=-\frac{90}{37}+2+\frac{64}{37\times 4}=0$$

从上式看，等式成立，没有矛盾。但是，在求待定系数d时，曾用过$s=0$，没有矛盾，并不意外。为稳妥起见，再令$s=1$，代入等式两边，得

$$\frac{20}{4\times 2\times 5}=-\frac{90}{37}\times\frac{1}{4}+1-\frac{44-64}{37\times 5}$$

即

$$\frac{1}{2}=\frac{1}{37}\times\left(-\frac{90}{4}-\frac{-20}{5}\right)+1=\frac{1}{2}$$

没有出现矛盾。依此可以断定：部分分式的展开式是正确的。

（3）最后一步是求方程（3–86）的解，即电路中的电流$i(t)$，也就是求$i(s)$的拉氏逆变换，从等式（3–87）可知

$$\mathscr{L}^{-1}[i(s)]=\mathscr{L}^{-1}\left[\frac{20s}{(3s+1)(s+1)(s^2+4)}\right]$$
$$=\mathscr{L}^{-1}\left[-\frac{90}{37(3s+1)}+\frac{2}{s+1}-\frac{44s-64}{37(s^2+4)}\right]$$

查拉氏变换表，得

$$\mathscr{L}^{-1}[i(s)]=i(t)=-\frac{30}{37}e^{-\frac{t}{3}}+2e^{-t}-\frac{44}{37}\cos 2t+\frac{32}{37}\sin 2t \tag{3–90}$$

解已经求出来了，必须核实，但要先声明一下，本书并不假定读者都学过电工原理，上面的解实际是方程

$$3\frac{d^2i}{dt^2}+4\frac{di}{dt}+i=20\cos 2t \tag{3–91}$$

的解。

有了以上说明，现在就来核实由等式（3–90）右边函数所表示的电流$i(t)$是否满足方程（3–91）。首先观察，解（3–90）中的函数$\cos 2t$和$\sin 2t$同方程（3–91）右边的函数$\cos 2t$并没有矛盾；其次是从特殊处着手，下面将再议；最后直接把解（3–90）代入方程（3–91）看有无矛盾出现，但这样的计算量较大，不如先从特殊处着手。就求解微分方程而言，一般是从初始条件开始的。拿本例而论，得到的解（3–90）必须满足所有的初始条件：

$$i(0)=0,\ i'(0)=0$$

现在从$i(0)$开始，$i'(0)$收尾，结果如下：

① 将$t=0$代入解（3–90），得

$$i(0)=-\frac{30}{37}+2-\frac{44}{37}=0 \tag{3–92}$$

② 对解（3–90）两边求导，得

$$i'(t)=\frac{10}{37}e^{-\frac{t}{3}}-2e^{-t}+\frac{88}{37}\sin 2t+\frac{64}{37}\cos 2t$$

将$t=0$代入上式，可知

$$i'(0)=\frac{10}{37}-2+\frac{64}{37}=0 \tag{3–93}$$

上述结果表明没有矛盾。加之，之前的等式（3–89）中待定系数的核实也无矛盾。据此，可以断言：方程（3–91）的解（3–90）是没有差错的。

从本例，即例3.22显然可见，用拉氏变换求解常系数线性微分方程并非难事，关键在于计算部分分式展开式中的待定系数，必须精准，避免出错。

例3.23 试求方程

$$3\frac{d^2 i}{dt^2}+4\frac{di}{dt}+i=0,\ i(0)=0,\ i'(0)=1 \tag{3–94}$$

的解。

解 对式（3–94）取拉氏变换，根据微分性质，有

$$3\left[s^2 i(s)-si(0)-i'(0)\right]+4si(s)+i(s)=0$$

代入$i'(0)=1$，并加以整理后，得

$$i(s)=\frac{3}{3s^2+4s+1}=\frac{3}{(3s+1)(s+1)}=\frac{a}{3s+1}+\frac{b}{s+1} \tag{3–95}$$

仿照以前的做法，对式（3–95）两边同乘以$3s+1$，并令$s=-\frac{1}{3}$，得

$$a=\frac{3}{s+1}\bigg|_{s=-\frac{1}{3}}=\frac{9}{2}$$

同理

$$b=\frac{3}{3s+1}\bigg|_{s=-1}=-\frac{3}{2}$$

将上列结果代回等式（3–95），得

$$i(s)=\frac{1}{2}\left(\frac{9}{3s+1}-\frac{3}{s+1}\right)$$

依此求出方程的解

$$\mathscr{L}^{-1}[i(s)]=i(t)=\frac{3}{2}\mathrm{e}^{-\frac{t}{3}}-\frac{3}{2}\mathrm{e}^{-t} \tag{3–96}$$

且有

$$i'(0)=\frac{1}{2}\left(-\mathrm{e}^{-\frac{t}{3}}+3\mathrm{e}^{-t}\right)\bigg|_{t=0}=1 \tag{3–97}$$

完全满足题设的条件，可以确信，等式（3–96）中的函数$i(t)$就是方程（3–94）的解。

必须说明，例3.23仍是例3.22的补充。将方程（3–94）与方程（3–91）比较，等式（3–95）与等式（3–89）比较，则知详情，事实在于：

（1）强调系统的线性性质，它与叠加原理是孪生兄妹，遇到线性系统，善用叠加原理必收事半功倍之效。具体说来，例3.22已经求出方程（3–91）的解（3–90），但随之而来又想补加初始条件$i'(0)=1$。遇见这种情况，是否需要求解下面的方程呢？即

$$3\frac{\mathrm{d}^2 i}{\mathrm{d}t^2}+4\frac{\mathrm{d}i}{\mathrm{d}t}+i=20\cos 2t,\ i'(0)=1 \tag{3–98}$$

按常规好像需要，但是上述方程是线性的，适用叠加原理，无须重来，只要求出方程（3–94）的解（3–96）同方程（3–91）的解（3–90），两相叠加就得到了方程（3–98）的解

$$\begin{aligned}i(t)&=\left(\frac{3}{2}\mathrm{e}^{-\frac{t}{3}}-\frac{3}{2}\mathrm{e}^{-t}\right)+\left(-\frac{30}{37}\mathrm{e}^{-\frac{t}{3}}+2\mathrm{e}^{-t}-\frac{44}{37}\cos 2t+\frac{32}{37}\sin 2t\right)\\&=\frac{51}{74}\mathrm{e}^{-\frac{t}{3}}+\frac{1}{2}\mathrm{e}^{-t}-\frac{44}{37}\cos 2t+\frac{32}{37}\sin 2t\end{aligned} \tag{3–99}$$

式（3–99）是否为方程（3–98）的解，留给读者核查，作为练习。

（2）重温卷积定理。

$$\mathscr{L}[f_1(t)*f_2(t)]=F_1(s)F_2(s) \tag{3–100}$$

其积分形式为

$$\mathscr{L}\left[\int_0^t f_1(u)f_2(t-u)\mathrm{d}u\right]=F_1(s)F_2(s) \tag{3–101}$$

在工程领域，卷积可谓无处不在，联想吃馒头的例子，理应铭记在心。原

因在于：一个稍微复杂一点的拉氏变换表达式都可视作两个式子的乘积，就例3.23而论，其中

$$i(s)=\frac{3}{(3s+1)(s+1)}=\frac{3}{3s+1}\cdot\frac{1}{s+1} \tag{3-102}$$

是两个分式的乘积。根据卷积定理，则得

$$\begin{aligned}i(t)&=\mathscr{L}^{-1}\left[\frac{3}{3s+1}\cdot\frac{1}{s+1}\right]=\int_0^t \mathrm{e}^{-\frac{u}{3}}\mathrm{e}^{-(t-u)}\mathrm{d}u\\&=\mathrm{e}^{-t}\left(\frac{3}{2}\mathrm{e}^{\frac{2}{3}u}\Big|_0^t\right)=\frac{3}{2}\left(\mathrm{e}^{-\frac{t}{3}}-\mathrm{e}^{-t}\right)\end{aligned} \tag{3-103}$$

同原有的结果（3–96）完全一样。再就例3.22而论，见等式（3–87）：

$$i(s)=\frac{20s}{(3s+1)(s+1)(s^2+4)}=\frac{1}{(3s+1)(s+1)}\cdot\frac{20s}{s^2+4} \tag{3-104}$$

请注意，将式（3–104）右端的头一个分式记作 $\bar{i}(s)$，即

$$\bar{i}(s)=\frac{1}{(3s+1)(s+1)} \tag{3-105}$$

其分母同等式（3–102）的分母一模一样，含义值得深思，因为等式（3–102）的逆变换 $i(t)$，即等式（3–103）是方程（3–98）的一个通解。当然，等式（3–105）的逆变换

$$\bar{i}(t)=\mathscr{L}^{-1}[\bar{i}(s)]$$

也是一个通解，且

$$i(t)=\frac{1}{2}\left(\mathrm{e}^{-\frac{t}{3}}-\mathrm{e}^{-t}\right) \tag{3-106}$$

再看等式（3–104），其右端最后一个分式的逆变换（类比于吃馒头的函数）

$$\mathscr{L}^{-1}\left(\frac{20s}{s^2+4}\right)=20\cos 2t \tag{3-107}$$

它是方程（3–91）右端的外加函数。综上所述：等式（3–104）是两个分式的乘积，各自的逆变换分别如等式（3–106）和等式（3–107）所示，应用卷积定理可知其逆变换，也就是方程（3–91）的解为

$$\begin{aligned}i(t)&=\mathscr{L}^{-1}[i(s)]=\int_0^t 20\cos 2u\cdot\frac{1}{2}\left[\mathrm{e}^{-\frac{1}{3}(t-u)}-\mathrm{e}^{-(t-u)}\right]\mathrm{d}u\\&=10\mathrm{e}^{-\frac{t}{3}}\left[\frac{\mathrm{e}^{\frac{u}{3}}}{2^2+\frac{1}{9}}\left(\frac{1}{3}\cos 2u+2\sin 2u\right)\right]_0^t\\&=-\frac{30}{37}\mathrm{e}^{-\frac{t}{3}}+2\mathrm{e}^{-t}-\frac{44}{37}\cos 2t+\frac{32}{37}\sin 2t\end{aligned}$$

这同以前得到的解（3–90）完全一样。

上述表明，在已知方程的一个通解后，可以用卷积求全解，比起直接求解，孰优孰劣，得视具体情况而定。无论如何，卷积在多种情况下都是一个选项、一种思路。

（3）例3.23是给定了$i'(0)=1$后求方程的通解。请考虑一下：已知该通解后，如何求出$i(0)=1$的通解？具体地说，就是已知方程

$$3\frac{d^2i}{dt^2}+4\frac{di}{dt}+i=0，i'(0)=1 \tag{3-108}$$

的解

$$i(t)=\frac{3}{2}\left(e^{-\frac{t}{3}}-e^{-t}\right)$$

如何求方程

$$3\frac{d^2i}{d^2t}+4\frac{di}{dt}+i=0，i'(0)=1 \tag{3-109}$$

的解？答案是现成的，记为$i(t)$，则

$$i(t)=i'(t)=\frac{1}{2}\left(3e^{-t}-e^{-\frac{t}{3}}\right)$$

正好是方程（3-94）的解的导数。有何根据？请悟出个中缘由，则对类似的问题，如$i(0)$与$i'(0)$换位，处理起来自会得心应手。

3.4.6 拉氏变换简表

$f(t)$	$F(s)$
$\delta(t)$	1
$\delta(t-t_0)$	e^{-st_0}
$H(t-t_0)=\begin{cases}1, & t>t_0\\ 0, & t<t_0\end{cases}$	e^{-st_0}/s
at^n	$an!/s^{n+1}$
$\sin at$	$a/(s^2+a^2)$
$\cos at$	$s/(s^2+a^2)$
e^{at}	$1/(s-a)$
$t^n e^{at}$	$n!(s-a)^{n+1}$
$e^{bt}\sin at$	$b/(s-b)^2+a^2$
$e^{bt}\cos at$	$(s-b)/(s-b^2)+a^2$
$t\sin at$	$2as/(s^2+a^2)^2$
$t\cos at$	$(s^2-a^2)/(s^2+a^2)^2$

本章是讲“变换”，结束之前，补充以下两点：

（1）可以说，数学主要研究的对象就是“变换”，微分是变换，例如

$$\frac{\mathrm{d}x}{\mathrm{d}x}=1,\ \frac{\mathrm{d}\sin t}{\mathrm{d}t}=\cos t$$

通过微分，x变换为1，$\sin t$变换为$\cos t$。再一想，积分也是变换，任何等式实际上也是变换，不胜枚举。

（2）在本章开始时，讲过一位母亲每天切肉的例子。切成肉丝，可以想象为一个函数变换成了傅氏级数；切成肉末，可以想象为一个函数变换成了傅氏积分；如此等等。

3.5 习题

1. 傅氏变换是如何演化成拉氏变换的？

2. 总结一下对拉氏变换的认识，拉氏变换的本质是什么？

3. 试求下列函数的拉氏变换：

（1）$e^{i\omega t}$；（2）$\sin\omega t$；（3）$\cos\omega t$。

4. 已知

$$\mathscr{L}[e^{-i\omega t}]=\frac{1}{s+i\omega}$$

试据此求上题中3个函数的拉氏变换。

5. 已知

$$\mathscr{L}[t^n]=\frac{n!}{s^{n+1}}$$

试据此求下列函数的拉氏变换：

（1）$\sin t$；（2）$\cos t$。

提示：将待求函数展开为泰勒级数。

6. 已知

$$(\sin t)'=\cos t,\ (\sin t)''=(\cos t)'=-\sin t$$

因此函数$\sin t$满足二阶方程

$$\frac{\mathrm{d}^2 f(t)}{\mathrm{d}^2 t}+f(t)=0$$

式中，函数$f(t)$为待求函数，且$f'(0)=1$。试用拉氏变换求解上述方程，并写下自己的发现和想法。

7. 将函数$\sin t$换成$\cos t$，重做上题。

8. 设有函数$f(t)=t\sin t$。

（1）试根据拉氏变换的定义，直接求函数$f(t)$的拉氏变换$\mathscr{L}[f(t)]$；

（2）求解下列方程

$$f''(t)+f(t)=2\cos t,\ f(0)=0,\ f'(0)=0$$

看得到的$\mathscr{L}[f(t)]$同用定义所求有无区别？两种方法有无伯仲之分？

9. 已知

$$\mathscr{L}[\sin t]=\frac{1}{s^2+1}$$

试根据拉氏变换的定义求$f(t)=\sin at$的拉氏变换，并将所得结果与上式比较，归纳出一个合适的公式，将$\mathscr{L}[f(t)]$与$\mathscr{L}[f(at)]$的关系量化，并予以证明。

10. 求下列函数的拉氏变换：

（1）$e^{bt}\sin at$；（2）$e^{bt}\cos at$；（3）$t\sin at$；（4）$t\cos at$。

11. 设$f(t)$是以T为周期的周期函数，存在拉氏变换，试证明

$$\mathscr{L}[f(t)]=\frac{1}{1-e^{-st}}\int_0^t f(t)e^{-st}dt$$

12. 设有周期函数

$$f(t)=\begin{cases} t, & 0\leqslant t<a \\ 2a-t, & a\leqslant t\leqslant 2a \end{cases}$$

如图3–41所示，试据上题结果求函数$f(t)$的拉氏变换。

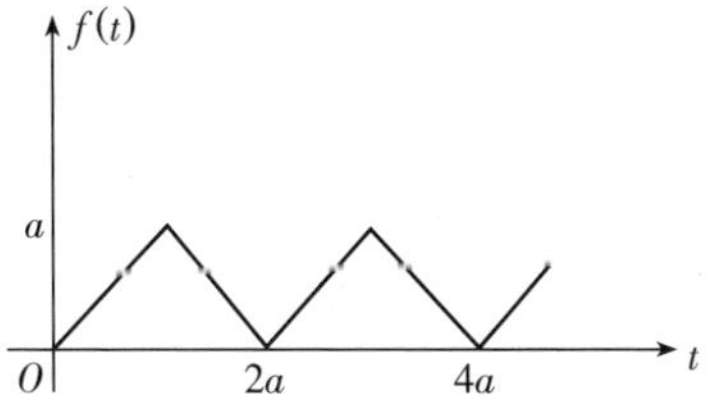

图3–41

13. 电压$v(t)=220\sin\omega t$，经整流后变为$\bar{v}(t)=220|\sin\omega t|$，共前后波形如图3–42（a）、（b）所示，试求函数$v(t)$的拉氏变换。

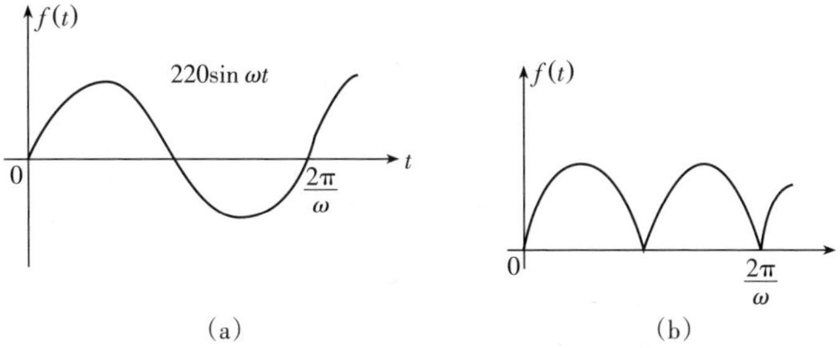

图3–42

14. 求下列函数的拉氏逆变换：

（1） $\frac{1}{s^2-s-2}$；（2） $\frac{2s}{(s+1)(s^2+4)}$；（3） $\frac{1}{s(s^2+5)}$；

（4） $\frac{s+2}{(s^2+4s+5)^2}$；（5） $\frac{2s^2+s+5}{s^3+6s^2+11s+6}$；（6） $\frac{2s^2+3s+3}{(s+1)(s+3)^3}$。

15. 已知

$$\mathscr{L}[f_1(t)]=F_1(s),\quad \mathscr{L}[f_2(t)]=F_2(s)$$

显然有

$$F_1(s)F_2(s)=F_2(s)F_1(s)$$

根据卷积定理，从上式可得

$$\int_0^t f_1(u)f_2(t-u)\mathrm{d}u=\int_0^t f_2(t)f_1(t-u)\mathrm{d}u$$

请至少举一个例子，如吃馒头之类，说明上式是正确的。

16. 已知方程

$$a\frac{\mathrm{d}x}{\mathrm{d}t}+x=\delta(t),\quad x(0)=0 \tag{3-110}$$

的解为

$$x(t)=\frac{1}{a}\mathrm{e}^{-\frac{t}{a}} \tag{3-111}$$

因方程右边外加函数 $\delta(t)$ 为单位脉冲函数，此解称为方程的脉冲响应解，或方程的格林函数。我们曾多次使用，其重要性不言而喻，只是未直呼其名。

格林函数为何重要，原因在于：一般的常用函数，如图3-43所示，全部可以认为由单位脉冲函数这颗粒子组成的！请读者来想象一下，当图3-43上的横坐标间距趋近于零时，函数 $f(t)$ 的极限状态是什么样的？一切就了然于心，疑虑顿消。

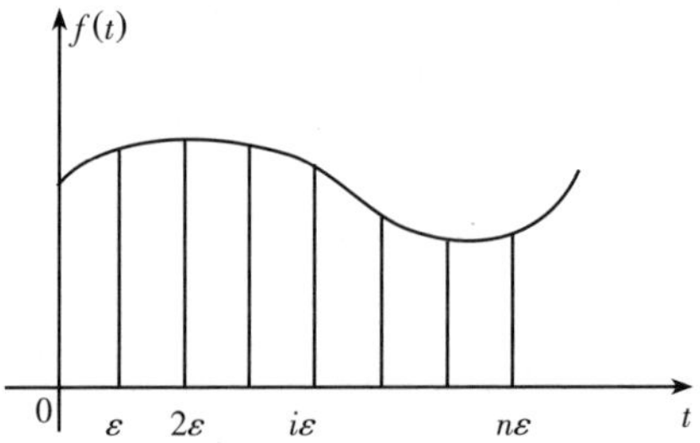

图3-43

现在设方程（3-110）的外加函数为 $\sin t$，即

$$a\frac{\mathrm{d}x}{\mathrm{d}t}+x=\sin x,\ x(0)=0 \tag{3-112}$$

对式（3-112）两边取拉氏变换，得

$$x(s)=\frac{1}{as+1}\cdot\frac{1}{s^2+1}=\frac{1}{s^2+1}\cdot\frac{1}{as+1} \tag{3-113}$$

试借助式（3-113）验证上题中的积分是正确的。此外，设想方程（3-112）中的变量$x(t)$是一个L、R电路中的电流，如图3-37所示，且方程的格林函数为$\bar{x}(t)$：

$$\bar{x}(t)=\frac{1}{a}\mathrm{e}^{-\frac{t}{a}}$$

试据此应用卷积定理求方程（3-112）的解。参考等式（3-113）再次验证上题中积分等式的正确性。借助自己的电工知识加深对卷积定理的理解。

17. 在弹性系数为k的弹簧上挂一质量为m的物件，如图3-44所示。试求此系统在静止状态下受外力$E\sin\omega t$作用后，物件m的运动规律。

提示：设$y(t)$代表物件m的运动规律，则根据力学原理知

$$my''+ky=E\sin\omega t,\ y(0)=y'(0)=0$$

（1）用拉氏变换求解；

（2）求格林函数，用卷积定理求解。

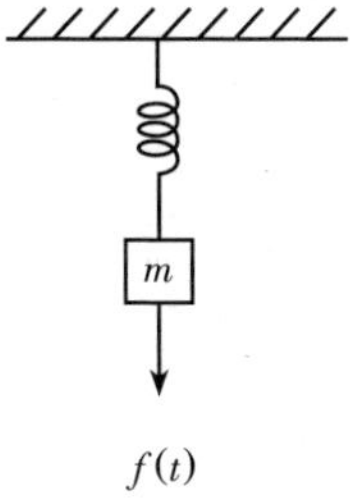

图3-44

附　录

附录A　Del算子

表达式

$$\boldsymbol{i}\frac{\partial}{\partial x}+\boldsymbol{j}\frac{\partial}{\partial y}+\boldsymbol{k}\frac{\partial}{\partial z} \tag{A-1}$$

称为Del算子，记作∇。它形式上看似向量，用途广泛，但含义抽象，难于理解。能否对它作些直观说明，正是我们现时的想法。

1. 数量函数

这里用到的函数$f(x,\ y,\ z)$都是无限光滑的，即具有任意阶的导数，受Del算子作用后，得

$$\nabla f(x,\ y,\ z)=\frac{\partial f}{\partial x}\boldsymbol{i}+\frac{\partial f}{\partial y}\boldsymbol{j}+\frac{\partial f}{\partial z}\boldsymbol{k} \tag{A-2}$$

式（A-2）就是大家熟知的梯度，不再重复。

2. 向量函数

设有向量函数

$$\boldsymbol{F}(x,\ y,\ z)=P(x,\ y,\ z)\boldsymbol{i}+Q(x,\ y,\ z)\boldsymbol{j}+R(x,\ y,\ z)\boldsymbol{k}$$

则其旋度

$$\operatorname{curl}\boldsymbol{F}=\begin{vmatrix}\boldsymbol{i} & \boldsymbol{i} & \boldsymbol{k}\\ \dfrac{\partial}{\partial x} & \dfrac{\partial}{\partial y} & \dfrac{\partial}{\partial z}\\ P & Q & R\end{vmatrix} \tag{A-3}$$

设有向量$\boldsymbol{a}=a_1\boldsymbol{i}+a_2\boldsymbol{j}+a_3\boldsymbol{k}$，$\boldsymbol{b}=b_1\boldsymbol{i}+b_2\boldsymbol{j}+b_3\boldsymbol{k}$，则其向量积

$$\boldsymbol{a}\times\boldsymbol{b}=\begin{vmatrix}\boldsymbol{i} & \boldsymbol{j} & \boldsymbol{k}\\ a_1 & a_2 & a_3\\ b_1 & b_2 & b_3\end{vmatrix} \tag{A-4}$$

对比上面两个行列式，并看看Del算子，自然会有一种想法：将函数$\boldsymbol{F}$的旋度curl $\boldsymbol{F}$定义为Del算子∇与$\boldsymbol{F}$的向量积，即

$$\text{curl}\,\boldsymbol{F}=\nabla\times\boldsymbol{F} \tag{A-5}$$

下面就来分析，这样的定义有无新意。首先，有

$$\nabla\times\boldsymbol{F}=\left(\frac{\partial f}{\partial x}\boldsymbol{i}+\frac{\partial f}{\partial y}\boldsymbol{j}+\frac{\partial f}{\partial z}\boldsymbol{k}\right)\times\left(P\boldsymbol{i}+Q\boldsymbol{j}+R\boldsymbol{k}\right)$$

其次，虽然Del算子包含3项，不难明白，只要其中任何一项讲清楚了，余下的两项不言自明。因此，为简化计，只选它的头一项，由上式可得

$$\frac{\partial}{\partial x}\boldsymbol{i}\times\left(P\boldsymbol{i}\times Q\boldsymbol{j}+R\boldsymbol{k}\right)=\frac{\partial Q}{\partial x}\boldsymbol{k}-\frac{\partial R}{\partial x}\boldsymbol{j} \tag{A-6}$$

式（A-6）右边共两项，都是向量，先说其中的第一项。

（1）将函数

$$\boldsymbol{F}=P(x,\ y,\ z)\boldsymbol{i}+Q(x,\ y,\ z)\boldsymbol{j}+R(x,\ y,\ z)\boldsymbol{k}$$

视作力，其中$Q(x,\ y,\ z)\boldsymbol{j}$是沿$y$轴方向的力，如图A1（a）所示。

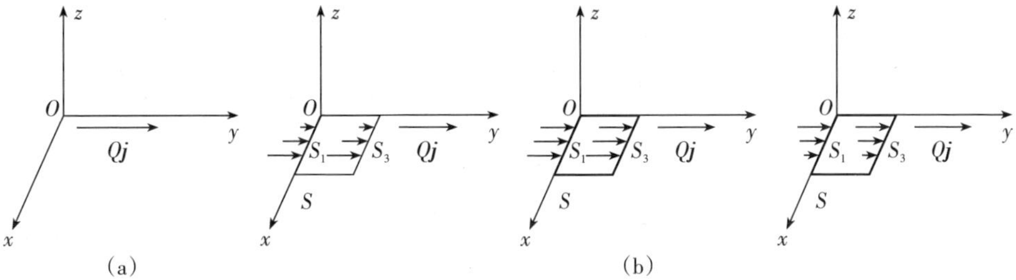

图A1

（2）$\dfrac{\partial Q}{\partial x}$是力$Q$沿$x$轴方向的变化率，其大于、等于、小于零的情况分别如图A1（b）所示。

（3）设想在xOy面上有一方框S，则S受力Q的作用将产生运动。不考虑平移，只问旋转，请问方框S会如何旋转？

（a）$\dfrac{\partial Q}{\partial x}>0$，从图A1（b）可见，方框$S$存在两条边不受力，另两条边$S_1$和$S_3$，且越往右受力越大。因此，方框$S$将逆时针绕轴旋转，按右手法则，这正是$\dfrac{\partial Q}{\partial x}\boldsymbol{k}$的直观含义。

（b）$\dfrac{\partial Q}{\partial x}=0$，从图上可见，边$S_1$和边$S_3$处处受力相等，无旋转运动。

（c）$\dfrac{\partial Q}{\partial x}<0$，从图上可见，方框$S$将顺时针绕$z$轴旋转，按右手法则，这正是$\left|\dfrac{\partial Q}{\partial x}\right|(-\boldsymbol{k})$，也就是此时$\left(\dfrac{\partial Q}{\partial x}<0\right)\dfrac{\partial Q}{\partial x}\boldsymbol{k}$的直观含义。

有了以上的理解，下面来讨论等式（A-6）右边第二项：$-\dfrac{\partial R}{\partial x}\boldsymbol{j}$。

（1）函数$R(x, y, z)\boldsymbol{k}$是沿z轴方向的力，如图A2（a）所示。

（2）$\dfrac{\partial R}{\partial x}$是力$R$沿$x$轴的变化率，其大于、等于、小于零的情况分别如图A2（b）所示。

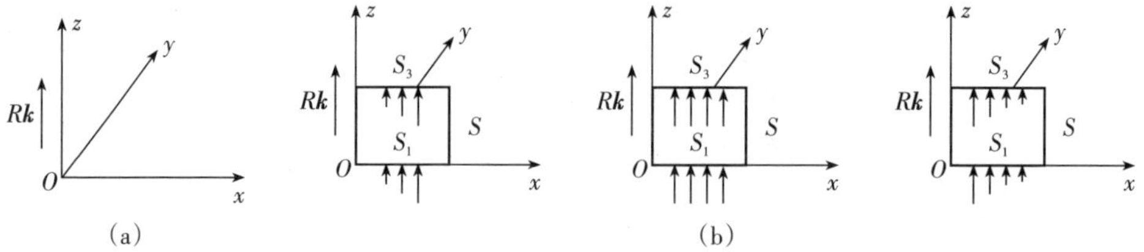

图A2

设想xOz面上有一方框S，S受力R的作用将产生运动，不考虑平移，只问旋转，试问方框S会如何旋转？

上述问题留给读者，可参照前文对$\dfrac{\partial Q}{\partial x}\boldsymbol{k}$的分析解决。此外，

$$\frac{\partial}{\partial y}\boldsymbol{j}\times(P\boldsymbol{i}+Q\boldsymbol{j}+R\boldsymbol{k})=-\frac{\partial P}{\partial y}\boldsymbol{k}+\frac{\partial R}{\partial y}\boldsymbol{i}$$

和

$$\frac{\partial}{\partial z}\boldsymbol{k}\times(P\boldsymbol{i}+Q\boldsymbol{j}+R\boldsymbol{k})=\frac{\partial P}{\partial z}\boldsymbol{j}-\frac{\partial Q}{\partial z}\boldsymbol{i}$$

一并请读者分析，本书不再赘述。

上述对Del算子的认识、旋度的理解都未见经典，全是个人愚见，敬希读者评正。

附录B　德·摩根定律

曾经说过，同一客观实际如何用两种方式表述，各自数学化之后，就是一个等式，而得到的可能便是个重要的结论。

一人不喜欢重复自己的话，友人问他："哪天去打球？"他答道："除了星期一和星期二哪天都行。"友人请他再讲一遍，他说："既非星期一又非星期二哪天都可以。"友人精通集合论，闻言大喜，自认为终于发现了德·摩根定律的直观解释。

德·摩根定律包含两个等式：

（1）$(A\cup B)'=A'\cap B'$；

（2）$(A\cap B)'=A'\cup B'$。

先谈第一个等式，将其左边的表达式 $(A\cup B)'$中的“$A\cup B$”同讲话中的“星期一和星期二”对照，“$(\quad)'$”同“除了……哪天都行”对照。若取集合A、B表示星期一、星期二，则显然存在下列对应关系：

$$A\cup B\leftrightarrow \text{星期一和星期二}，\ \cup\leftrightarrow \text{和}$$

$$(\quad)'\rightarrow \text{除了……哪天都行}$$

再拿等式的右边比照，同样存在下列对应关系：

$$A'\leftrightarrow \text{除了（非）星期一}，\ \cap\leftrightarrow \text{又}$$

$$B'\leftrightarrow \text{除了（非）星期二}$$

不难分辨，两种说法“除了星期一和星期二哪天都行”与“既非星期一又非星期二哪天都可以”，其实际意义是没有区别的。

为加深印象，下面再用文氏图B1予以验证。图B1（a）上阴影部分 $(A\cup B)'$表示的是“星期一和星期二的补集”，即星期三到星期天；图B1（b）上阴影部分A'表示的是“星期一的补集”，即星期二到星期天；图B1（c）上B'表示的是“星期二的补集”，即星期一、星期三到星期天；图B1（d）上$A'\cap B'$表示的是“A的补集与B的补集的交集”或“既非A又非B的集合”，即星期三到星期天。由此可见

$$(A\cup B)'=A'\cap B'$$

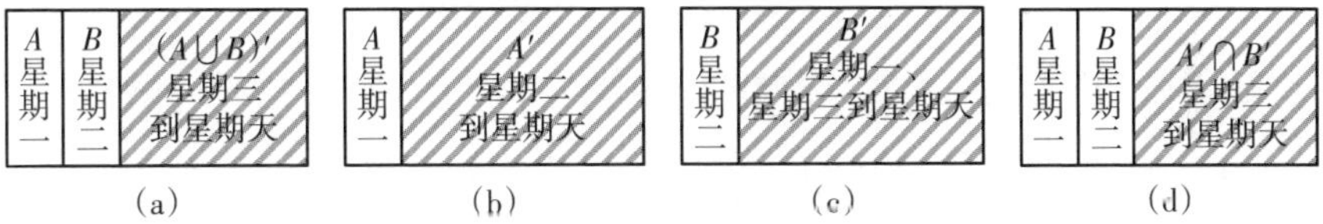

图B1

读者如有兴趣，不妨将“除了夏天和单号的日子哪天都行”和“既非夏天又非单号的日子哪天都行”数学化，验证德·摩根定律的两个等式。

德·摩根定律包含两个等式引发出两个值得关住的问题。

（1）此定律对集合A和B无任何限制，因此将A和B换成各自的补集A'和B'，代入等式中，等式照样成立，即

$$(A'\cup B')'=A\cap B$$

$$(A'\cap B')'=A\cup B$$

另外，A和B不同时都换，换其中任何一个都行。读者如有时间，可以验证。

（2）对偶原理。在集合论的等式中，将符号$\cup$与$\cap$互换，$\subset$与$\supset$互换，$\varnothing$与I互换后，得到的等式依然成立。

例如，将德·摩根定律第一等式中的$\bigcup$与$\bigcap$互换，则得第二等式，反之亦然。又如将等式

$$A\bigcup(A\bigcap B)=A$$

中的$\bigcup$与$\bigcap$互换，则得

$$A\bigcap(A\bigcup B)=A$$

对偶原理也适用于其他领域，比如：周长固定，圆的面积最大；面积固定，圆的周长最短。两者是互为对偶的，在一般初等数学中，常用正方形代替圆，因那时有个条件：必须要用矩形。

善用德·摩根定律，同文氏图相结合，利于解题。活用对偶性，易于创新。

附录C　从傅氏级数到傅氏变换

已知周期函数$f(t)$能够展成傅氏级数

$$f(t)=\sum_{0}^{\infty}\left(a_n\cos\omega t+b_n\sin n\omega t\right)$$

借助欧拉公式又可将上式化为复数形式

$$f(t)=\sum_{0}^{\infty}c_n\mathrm{e}^{\mathrm{i}n\omega t}\ (n=0,1,2,\cdots)\tag{C-1}$$

$$c_n=\frac{1}{T}\int_{-\frac{T}{2}}^{\frac{T}{2}}f(t)\mathrm{e}^{-\mathrm{i}n\omega t}\mathrm{d}t\ (n=0,\pm1,\pm2,\cdots)\tag{C-2}$$

式（C-2）中，T代表函数$f(t)$的周期，ω为角频率，两者的积

$$T\omega=2\pi,\ \frac{1}{T}=\frac{\omega}{2\pi}\tag{C-3}$$

由此可把傅氏复系数c_n改写为

$$c_n=\frac{\omega}{2\pi}\int_{-\frac{T}{2}}^{\frac{T}{2}}f(t)\mathrm{e}^{-\mathrm{i}n\omega t}\mathrm{d}t\tag{C-4}$$

式（C-4）对t的积分，显然是$n\omega$的函数，简记为$F(n\omega)$，从而有

$$c_n=\frac{\omega}{2\pi}F(n\omega)\tag{C-5}$$

现将其代入函数$f(t)$的复数式（C-1），得

$$f(t)=\frac{1}{2\pi}\sum_{-\infty}^{\infty}F(n\omega)\mathrm{e}^{-\mathrm{i}n\omega t}\cdot\omega\tag{C-6}$$

这很眼熟，何其相似于下式

$$\sum_{1}^{\infty}g(n\Delta x)\Delta x,\ a\leqslant x<b\tag{C-7}$$

读者可能已经看穿，式（C-7）是在定积分的和式

$$\sum_{1}^{\infty} g(\xi_n)\Delta x_n$$

中，令$\Delta x_n = \Delta x$，$\xi_n = n\Delta x$而得到的结果。

前面说过，和式（C-6）与和式（C-7）相似，为了看个明白，将其各自绘图，如图C1（a）、（b）所示，由此可见，两者的几何意义同是：曲线下方所有小矩形面积之和。众所周知，和式（C-7）当$\Delta x \to 0$时，其极限为定积分

$$I = \int_a^b g(t)\mathrm{d}t$$

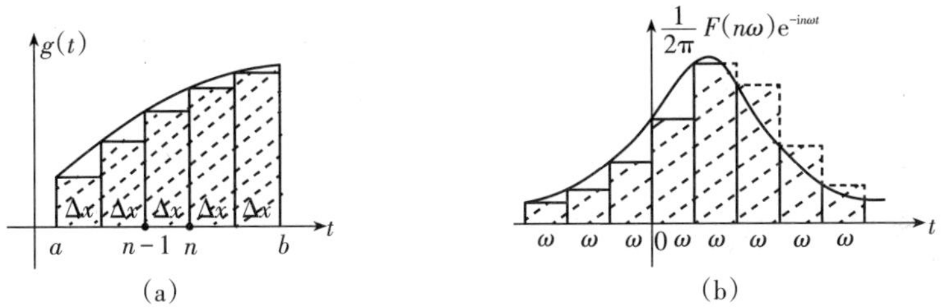

图C1

同理，当函数$f(t)$的周期$T \to \infty$，$\omega \to 0$时，应有

$$f(t) = \frac{1}{2\pi}\int_{-\infty}^{\infty} F(\omega)\mathrm{e}^{-\mathrm{i}\omega t}\mathrm{d}\omega \tag{C-8}$$

式中［见式（C-4）和式（C-5）］：

$$F(\omega) = \int_{-\infty}^{\infty} f(t)\mathrm{e}^{-\mathrm{i}\omega t}\mathrm{d}t \tag{C-9}$$

等式（C-8）和等式（C-9）合称傅里叶积分公式，而后者则称为函数$f(t)$的傅里叶变换，简称傅氏变换。

必须说明，以上的推理每一步都是正确的，但全是形式上的，因为每一步需要什么条件、为什么正确缺乏严格的证明；直白地说，其真正意义上的证明已远超本书的范畴。

附录D　一个关于逻辑学的例子

在那遥远的地方，有个小国家，国王非常暴戾，每天都要把一名普通老百姓投入死牢。牢房有两扇门，一为生门，一为死门。有两个看守，代号分别为甲和乙，知道哪个是生门，哪个是死门。其中一个看守只讲真话，而另一个只讲假话，且两者相互了解。

在死牢里的老百姓唯一求生的希望是：可以在临刑前向一位看守提出一个

问题，问哪道门是生门，但只准提问一次，因为既不知道哪位看守讲真话，又只能提问一次，日复一日，年复一年，许多无辜的老百姓就这样惨遭杀害。因此，全国一片恐慌。

一位长者，深谙逻辑，途经此地，获悉老百姓恐慌的原因后，告诉大家，只要如此提问必能找到生门，听后，人人高兴，终于安心下来了。

长者告诉大家：随意指定一扇门，随意找一位看守，比如是甲，问他："乙会说这门是生门吗?"如果甲的答案为"是"，则所指定的门为死门；如果甲的答案为"不是"，则所指的门为生门。总之，取所得到的答案的反义就是了。

再设想，你有两个朋友，甲和乙，一个讲真话，一个讲假话，则你听到甲（乙）传给你乙（甲）说的事，必是假的。

附录E　活用"等可能性"

初学者在计算某些事件的概率，特别涉及贝叶斯公式或全概率公式时，异常困惑，笔者有感于此，现将当时解困的一种想法"等可能性"或"等概率性"示众，分述如下，供读者参考。

1. 贝叶斯公式或全概率公式

什么是"等可能性"？为便于理解，举例说明如下。

例1　一建筑公司所用的钢条分别来自A、B、C三家钢厂，其供应记录如表E1：

表E1

钢厂	次品率	供应份额
A	0.02	0.15
B	0.01	0.80
C	0.03	0.05

钢条运到公司后是混合存放的，从中任选一件，试求：

（1）是次品的概率$P(D)$；

（2）若是次品，其来自各厂的概率。

解　（1）为形象起见，并不失一般化，设公司进货共1000件钢条，然后解题：

据此算出，A、B、C三家各自的供应量为150、800、50件。

按供应记录可知，A、B、C三厂次品件数分别为

$$150\times 0.02=3,\ 800\times 0.01=8,\ 50\times 0.03=1.5$$

可见，次品总数为

$$3+8+1.5=12.5$$

根据等可能性，1000件钢条中存在12.5件次品，自然有

$$P(D)=\frac{12.5}{1000}=0.0125$$

(2) 利用上解第二项的结果，根据等可能性，显然有

$$P(D|A)=\frac{3}{12.5}=0.24,\ P(D|B)=\frac{8}{12.5}=0.64,\ P(D|C)=\frac{1.5}{12.5}=0.12$$

例2 某工厂有四个车间A、B、C、D，各生产的元件分别占总产量的12%、25%、25%、38%，次品率分别为0.06、0.05、0.04、0.03。工厂每生产一件次品，损失10000元。试问，此时各车间应承担多少损失？

解 仿例1，设工厂生产的元件总数计为1000件，则四个车间A、B、C、D各自生产的次品数为

$$A:\ 120\times 0.06=7.2,\ B:\ 250\times 0.05=12.5$$

$$C:\ 250\times 0.04=10,\ D:\ 380\times 0.03=11.4$$

可见次品总数为 $7.2+12.5+10+11.4=41.1$

简记次品为E，则工厂的次品率

$$P(E)=\frac{41.1}{1000}=0.0411$$

而各车间的次品率分别为

$$P(E|A)=\frac{7.2}{41.1}\approx 0.1752,\ P(E|B)=\frac{12.5}{41.1}\approx 0.3041$$

$$P(E|C)=\frac{10}{41.1}\approx 0.2433,\ P(E|D)=\frac{11.4}{41.1}\approx 0.2774$$

根据上列结果，各车间承担的损失分别是

A：1752元；B：3041元；

C：2433元；D：2774元

为进行比较，读者可以用传统方法，即贝叶斯公式或全概率公式，重解上述两例，以便加深对“等可能性”的认知。

2. 古典概率

等可能性可谓古典概率的奠基石。抛掷硬币，正面向上或反面向上的概率都是$\frac{1}{2}$，这就是等可能性。如能用得其所，既省心又省力，何乐而不为？

例3 甲乙二人掷骰子消遣，以掷出红4点为胜。甲连掷两次，乙用两颗

骰子掷了一次。试问谁的胜算更大？希讲清道理。

解　甲第一次掷出红4点的概率为$\frac{1}{6}$，两次加起来掷出红4点的概率为$\frac{1}{3}$。

乙掷两颗骰子一次，完全等同于连掷一颗骰子两次。可以这样想，两颗骰子一先一后落下，不正好等同于一颗骰子连掷两次吗？

答案是：两人胜负对半分。写到此处，忽然脑洞一开，惊现“不对，也对”四个大字。请休息片刻，回头一起来揭开谜底。

试设想，抛掷两次硬币，头一次正面朝上的概率为$\frac{1}{2}$，第二次也是$\frac{1}{2}$，加起来概率等于1，表示必然至少有一次正面朝上！这对吗？显然不对。

错在何处？两个事件的概率相加，必须两个事件互不相容。连掷两次骰子，每次都可能出现红4点，因此两者是相容的，概率不能加起来！

此例的正确解法甚多，现列举两种。

解1　第一次掷出红4点的概率为$\frac{1}{6}$，掷不出为$\frac{5}{6}$。因此，连掷两次至少有一次出现红4点的概率

$$P=\frac{1}{6}+\frac{5}{6}\times\frac{1}{6}=\frac{11}{36}$$

或者

$$P=\frac{5}{6}\times\frac{1}{6}+\frac{1}{6}=\frac{11}{36}$$

解2　连掷两次骰子，相应的样品空间Ω，共含36个样品点，其中计有下列11个样品：

$$(1,4),(4,1),(2,4),(4,2),(3,4),(4,3),(4,4),(4,5),$$
$$(5,4),(4,6),(6,4)$$

符合要求，因此

$$P=\frac{11}{36}$$

在样品点较多时，宜用排列组合法计算，更多简便。此外，建议读者用多项式展开法重解此例，相互印证，以资比较。

例4　袋中有4个小球，只有1个是红色的，从中连续拿出2个，试求拿到的有红球的概率。

解1　第一次拿到红球的概率为$\frac{1}{4}$，否则第二次再拿，拿到红球的概率为

$$\frac{3}{4}\times\frac{1}{3}=\frac{1}{4}$$

将两次相加，拿到红球的概率为

$$P=\frac{1}{4}+\frac{1}{4}=\frac{1}{2}$$

解2 设想将4个球分成两组，每组两个球，其中必有一组存在红球，连拿两个球等同于一次拿一组球，根据等可能性，可知拿到红球一组的概率为

$$P=\frac{1}{2}$$

其实，这种想法可以更一般化，既然每次拿到红球的概率为$\frac{1}{4}$，且互不相容，连拿两次，拿到红球的概率自然是

$$P=\frac{1}{4}+\frac{1}{4}=\frac{1}{2}$$

又如，袋中有9个球，其中只有1个红球，连拿4次，拿到红球的概率为

$$P=\frac{1}{9}+\frac{1}{9}+\frac{1}{9}+\frac{1}{9}=\frac{4}{9}$$

一般地说，若袋中有n个球，只有一个红球，连拿m次，则拿到红球的概率为

$$P=\frac{m}{n},\quad m\leqslant n$$

需要注意，如袋中红球多于1个，则可能出现相容的情况，这时宜将排列组合请来，与等可能性联袂登场，能解一时之急。

例5 袋中有6个小球，只有2个红球，一连拿了2个，求至少拿到1个红球的概率。

解 从6个球中任取2个的组合数为

$$C_6^2=\frac{6\times5}{1\times2}=15$$

其中，除了2个红球，还剩4个。显然，不含红球的组合数为

$$C_4^2=\frac{4\times3}{1\times2}=6$$

据上述可知，所求的概率为

$$P=\frac{C_6^2-C_4^2}{C_6^2}=1-\frac{6}{15}=\frac{3}{5}$$

例6 袋中有9个球，其中有3个红球，一连拿了4个，试问其中至少有1个是红球的概率。

解 依例5，同理可知所求的概率为

$$P=1-\frac{C_6^4}{C_9^4}=1-\frac{6\times5\times4\times3}{9\times8\times7\times6}=\frac{37}{42}$$

善用“等可能性”，有时一些貌似困难的问题会迎刃而解，请看下例。

例7 有两把外表完全相同的钥匙，只有一把能打开门锁。用钥匙去开门，试开一次不成就拿走。现将试开次数当作随机变量X，请求X的数学期望。

解 显然可知，最少试开一次，最多两次，需要想清楚的是，每次试开，能否成功，都是等可能性的。因此，随机变量试开次数X的数学期望

$$E(X)=\frac{1+2}{2}=\frac{3}{2}$$

十分清楚，上述推理可以一般化，存在n把钥匙的情况下，有

$$E(X)=\frac{1+n}{2}$$